移动应用技术与服务专业产教融合优质教材

移动应用界面设计

◎主　编　韩新洲　门雅范

◎副主编　马　飞　张梦冰　宋　涛　白森森

电子工业出版社

Publishing House of Electronics Industry

北京·BEIJING

内 容 简 介

本书以智慧团建、乡村民宿、公益活动、智慧健康、数字社区、智慧环保、智慧城市等典型移动应用界面设计项目为主线，围绕启动、登录、注册、首页、列表、分类、详情、发帖评价、日历签到、优惠卡、填写表格、个人中心、数据等功能进行设计，有机融合界面设计与软件操作技巧。本书内容兼具实用性与直观性，图文并茂、条理清晰，操作讲解翔实，注重基础性、启发性、应用性与拓展性相结合，引导学生积极思考，强化实践运用，着力培养学生的专业技能、审美能力与创新思维。

本书可作为职业院校计算机类及艺术设计类相关专业的教材，也可作为全国职业院校技能大赛（中职组）移动应用与开发赛项的指导用书。

未经许可，不得以任何方式复制或抄袭本书之部分或全部内容。
版权所有，侵权必究。

图书在版编目（CIP）数据

移动应用界面设计 / 韩新洲，门雅范主编. -- 北京：电子工业出版社，2025.5. -- （移动应用技术与服务专业产教融合优质教材）. -- ISBN 978-7-121-50366-5

Ⅰ. TN929.53

中国国家版本馆 CIP 数据核字第 2025101HB4 号

责任编辑：罗美娜
印　　刷：北京捷迅佳彩印刷有限公司
装　　订：北京捷迅佳彩印刷有限公司
出版发行：电子工业出版社
　　　　　北京市海淀区万寿路 173 信箱　邮编　100036
开　　本：880×1 230　1/16　印张：10　字数：192 千字
版　　次：2025 年 5 月第 1 版
印　　次：2025 年 5 月第 1 次印刷
定　　价：45.00 元

凡所购买电子工业出版社图书有缺损问题，请向购买书店调换。若书店售缺，请与本社发行部联系，联系及邮购电话：（010）88254888，88258888。

质量投诉请发邮件至 zlts@phei.com.cn，盗版侵权举报请发邮件至 dbqq@phei.com.cn。
本书咨询联系方式：（010）88254584，jingsiyan@phei.com.cn。

　　本书遵循职业教育特点进行内容设计，致力于培养高素质劳动者与技术技能型人才，采用"基于工作过程导向"的项目任务驱动法编写，充分结合新知识、新技术、新工艺及行业新规范，突出职业技能实际训练，强化岗位技艺综合能力，凸显职业教育特色。

　　本书涵盖 7 个项目，共 28 个任务。每个项目先给出项目描述，明确项目设计的整体思路及实施目标，再阐明完成该项目需要的知识准备，然后开展任务设计。在项目实施环节，将项目分解为多个任务并详细讲解操作步骤，学生通过实践操作体验真实移动应用界面设计流程。在考核评价环节中对项目完成情况进行评价，最后通过项目习题来巩固和拓展专业能力。

　　本书具有如下特点。

　　（1）全面贯彻党的教育方针和党的二十大精神，依据新版职业教育专业教学标准的内容和要求编写。以推进课程思政为指导，以满足岗位实践需求为导向，以增强职业素养为核心，秉持"德技并修"的育人理念，将思想性、技术性与实用性有机结合，实现思政教育与专业技能培养的融合统一，落实立德树人根本任务。

　　（2）由校企双方合作开发完成，适当融入全国职业院校技能大赛（中职组）移动应用与开发赛项相关内容，以及"1+X"界面设计职业技能等级认证中的技能考核标准，与高等职业教育、职业本科教育相关知识技能衔接，实现中、高、本一体化教材内容的设计。

　　（3）本书以移动应用界面设计实际案例需求为主，结构清晰、图文并茂、操作性强，所有操作都可按照实际界面截图分步骤实现，同时各项目任务都配有完整的视频操作演示教学资源，便于教师授课和学生操作。

　　（4）以读者能够熟练操作 Adobe Photoshop、Adobe XD 或其他设计软件为前提，侧重于通过软件实现界面设计效果，不单独介绍软件及其基本操作。因此，知识准备环节仅简要概述完成项目所需的实践操作技能，不进行具体讲解。

（5）为了提高学生的学习效率和提升教学效果，方便教师教学，本书配有丰富的数字化教学资源，包括微课视频、授课PPT、教学设计、教学指南、工程文件、效果图及素材等，请有需要的读者登录华信教育资源网，注册后免费下载。若有问题，请在网站留言板留言或与电子工业出版社（E-mail：hxedu@phei.com.cn）联系。

本书由大连电子学校韩新洲、河南信息工程学校门雅范担任主编并负责全书的架构设计、审稿及统稿，由河南信息工程学校马飞、河南省商务中等职业学校张梦冰、宁波经贸学校宋涛、河南信息工程学校白森森担任副主编，东软教育科技集团有限公司梁扬、李鑫鑫、李雨参与编写并提供技术支持。本书的编写工作具体分工如下：项目1由马飞编写，项目2由马飞和白森森共同编写，项目3由白森森编写，项目4、项目5由宋涛编写，项目6、项目7由张梦冰编写。在编写的过程中，编者得到了东软教育科技集团有限公司的大力支持及帮助，在此表示衷心的感谢。

由于编者水平有限，书中难免存在不足之处，敬请广大读者批评指正。

编　者

项目 1　智慧团建 ·· 001
　　任务 1　智慧团建登录界面设计 ··· 003
　　任务 2　智慧团建首页设计 ·· 004
　　任务 3　智慧团建个人资料填写界面设计 ·· 007
　　考核评价 ··· 010
　　项目习题 ··· 010

项目 2　乡村民宿 ·· 011
　　任务 1　乡村民宿首页设计 ·· 013
　　任务 2　乡村民宿列表界面设计 ··· 016
　　任务 3　乡村民宿代金券界面设计 ·· 017
　　任务 4　乡村民宿民情文化详情界面设计 ·· 020
　　考核评价 ··· 023
　　项目习题 ··· 023

项目 3　公益活动 ·· 024
　　任务 1　公益活动首页设计 ·· 026
　　任务 2　公益活动详情界面设计 ··· 030
　　任务 3　公益活动动态界面设计 ··· 034
　　任务 4　公益活动个人中心界面设计 ·· 036
　　考核评价 ··· 040
　　项目习题 ··· 040

项目 4　智慧健康 041

任务 1　智慧健康启动界面设计 043
任务 2　智慧健康登录界面设计 045
任务 3　智慧健康预约记录界面设计 048
任务 4　智慧健康集中监测界面设计 050
任务 5　智慧健康心率测试界面设计 058
考核评价 063
项目习题 063

项目 5　数字社区 064

任务 1　数字社区首页设计 066
任务 2　数字社区全部动态界面设计 074
任务 3　数字社区添加房屋界面设计 076
任务 4　数字社区社交发帖详情界面设计 082
考核评价 090
项目习题 090

项目 6　智慧环保 091

任务 1　智慧环保分类界面设计 093
任务 2　智慧环保日历签到界面设计 103
任务 3　智慧环保预约回收界面设计 113
考核评价 122
项目习题 123

项目 7　智慧城市 124

任务 1　智慧城市启动界面设计 126
任务 2　智慧城市全部服务界面设计 128
任务 3　智慧城市驿站详情界面设计 137
任务 4　智慧城市市民热线——新建诉求界面设计 142
任务 5　智慧城市定制班车——日期选择界面设计 147
考核评价 153
项目习题 153

项目 1 智慧团建

项目描述

为了有效开展中国共产主义青年团（简称共青团）工作，不断拓展其新空间，为共青团改革提供新动力，推动共青团事业不断焕发新活力，应大力实施"网上共青团"工程。"网上共青团"是一项互联网工程，是一种"互联网+共青团"的新模式。该工程以"智慧团建"和"青年之声"为重点，构建工作网、联系网、服务网"三网合一"的"网上共青团"，形成"互联网+共青团"格局。

智慧团建是对所在辖区共青团体系下的团组织、团员和团干部进行数据采集。"网上共青团"通过互联网来面向基层、服务青年、连接青年，重点为青年提供学习成才、就业创业、社会融入等方面的服务和帮助，是一种"互联网+共青团"的新模式。智慧团建能实现团网深度融合，青年充分互动，线上、线下一体运行，为团组织把握工作主线提供新支撑。

项目设计

本项目共3个任务，每个任务对应不同的界面及设计元素的需求。在进行智慧团建项目界面设计之前，需要先确定应用的整体风格，然后通过对布局、颜色、大小、位置等的设置，建立不同层次的信息构架，将重要信息或功能置于显著位置，使用户对应用产生良好的印象和评价。本项目涉及按钮、界面交互动作等内容。在设计过程中，要综合考虑用户的使用场景、习惯和反馈机制等多方面因素，从而完成交互设计，合理有效地改善用户体验。

项目目标

1. 知识与技能

（1）通过本项目的学习，熟悉智慧团建项目界面设计的实施流程。

（2）掌握用 Adobe XD 实现界面交互动作的制作方法。

2. 过程与方法

（1）通过制作思维导图，了解本项目实施的完整流程。

（2）通过本项目的完整实现，掌握相应的知识技能。

3. 情感态度与价值观

通过对智慧团建界面项目的整体设计与模型制作，提升举一反三的能力。

知识准备

☑ 掌握图形尺寸等参数设置方法。
☑ 掌握界面交互动作的制作方法。

项目实施

智慧团建项目实施流程图如图 1.1 所示。

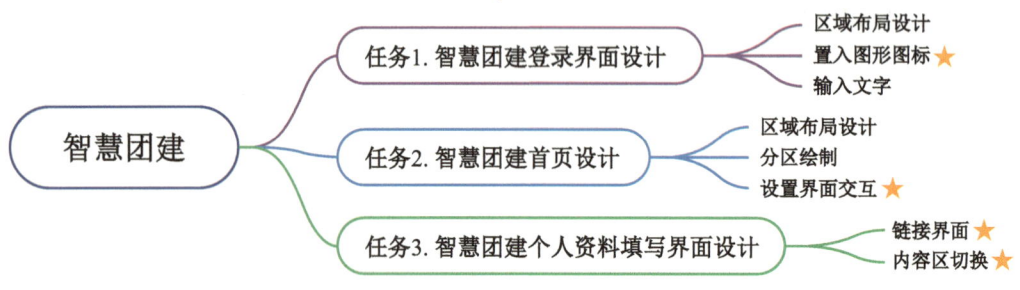

图 1.1　智慧团建项目实施流程图

任务 1 智慧团建登录界面设计

🎤 任务 1 说明

1. 显示系统登录界面。

（1）新建文件。设置画板尺寸：iPhone 12 Pro Max（428 像素×926 像素），如图 1.2 所示。

图 1.2 画板尺寸设置

（2）打开素材。选择"背景.png"，设置宽度 W：428，高度 H：926。将其拖动置于页面，背景页面效果如图 1.3 所示。

（3）打开素材。选择"状态栏.png"，置于页面顶部，设置宽度 W：428，高度 H：44，状态栏如图 1.4 所示。

（4）打开素材。选择"智慧团建.png"，置于页面中部，设置宽度 W：320，高度 H：125，页面图形效果如图 1.5 所示。

图 1.3 背景页面效果

图 1.4 状态栏

图 1.5 页面图形效果

2. 显示账号密码输入区域，可输入账号密码，可点击"立即登录"按钮。

（1）绘制账号密码输入区域。设置宽度 W：324，高度 H：32，不透明度：60%，圆角：6，效果选项勾选投影，设置位置 X：0，Y：3，B：6，投影颜色默认，如图 1.6 所示。

（2）绘制"立即登录"按钮。设置宽度 W：324，高度 H：32，圆角：6，颜色：#00A2E9，效果选项勾选投影，设置位置 X：0，Y：3，B：6，投影颜色默认，如图 1.7 所示。依据效果图添加图标和文本，登录界面效果图如图 1.8 所示。

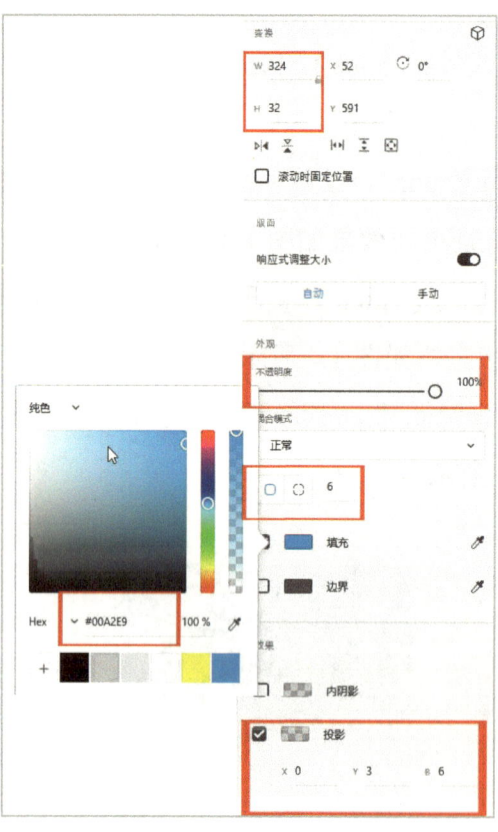

图 1.6　账号密码输入区域设置　　图 1.7　"立即登录"按钮设置　　图 1.8　登录界面效果图

任务 2　智慧团建首页设计

任务 2 说明

1. 点击"立即登录"按钮，可跳转至智慧团建首页。

（1）新建画板。设置画板尺寸：iPhone 12 Pro Max（428 像素×926 像素），如图 1.9 所示。

（2）打开素材。选择"背景.png"和"状态栏.png"，分别置于界面中部和顶部。设置状态栏宽度W：428，高度H：44，状态栏参数设置如图1.10所示。

图1.9　画板尺寸设置

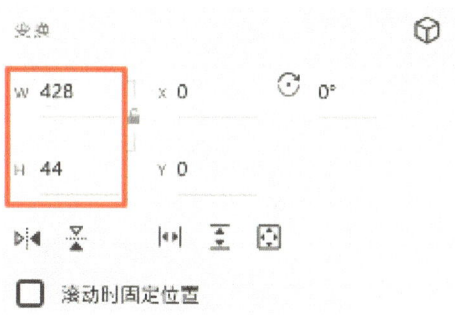

图1.10　状态栏参数设置

（3）打开素材。选择"首页banner.png"，设置宽度W：428，高度H：208，如图1.11所示。将其拖动至状态栏下方相应位置，"首页banner"效果如图1.12所示。

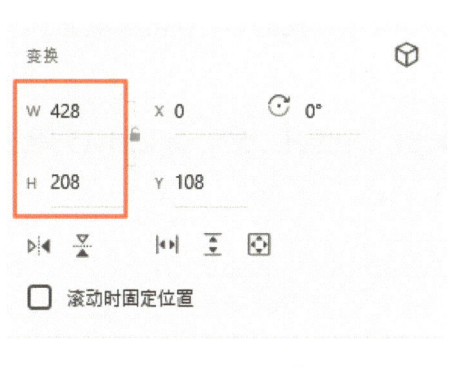

图1.11　"首页banner"参数设置

图1.12　"首页banner"效果

2. 绘制通知公告区域及链接区域，点击可跳转至详情页。

（1）使用矩形工具绘制通知公告区域。设置宽度W：428，高度H：112。依据效果图添加线条，打开素材，选择"通知公告.png"，设置宽度W：60，高度H：60，通知公告区域效果如图1.13所示。

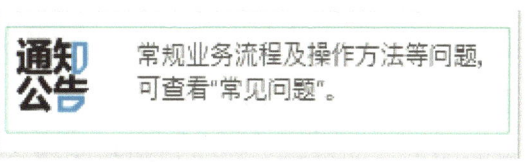

图1.13　通知公告区域效果

（2）绘制链接区域。设置宽度W：428，高度H：297，效果选项勾选投影，设置位置X：2，Y：6，B：6，投影颜色默认。打开素材，置入"个人资料""组织关系""关系转接"

"费用缴纳""消息互动""组织活动"6个图标，设置宽度 W：50，高度 H：50，将图标置于指定位置，并输入对应文字。链接区域效果如图1.14所示。

图1.14 链接区域效果

3. 显示导航栏，采用图标加文字的方式显示，图标在上，文字在下。

导航栏共有4个图标，分别为"首页""工作""学习""我的"。点击标签进入相应界面，并用颜色标记当前界面所在导航栏。

（1）使用直线工具绘制导航栏。设置宽度 W：428，高度 H：57，如图1.15所示。

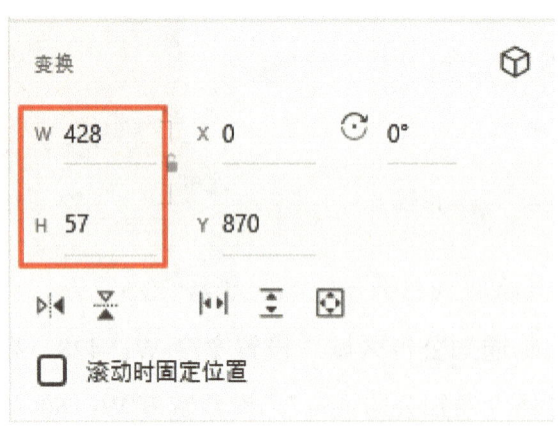

图1.15 导航栏参数设置

（2）置入图标。打开素材，将"首页""工作""学习""我的"这4个图标置于指定位置，并输入对应文字。首页整体效果如图1.16所示。

（3）将智慧团建登录界面的"立即登录"按钮与智慧团建首页交互。切换至原型面板，在"立即登录"按钮上设置触发为点击，类型为自动制作动画，目标为智慧团建首页，设置渐出的持续时间为0.6秒，交互设置如图1.17所示，使页面可以通过点击"立即登录"按钮跳转至智慧团建首页。

智慧团建 | 项目 1

图 1.16　首页整体效果

图 1.17　交互设置

任务 3　智慧团建个人资料填写界面设计

🎤 任务 3 说明

1. 个人资料界面自上至下分为状态栏、导航栏、内容区。界面顶部显示个人资料标题栏，返回上一页按钮，下面有"报到资料"与"奖惩信息"切换区域，点击后跳转到相应界面。

（1）新建画板。设置画板尺寸：iPhone 12 Pro Max（428 像素×926 像素），如图 1.18 所示。从素材库中选择"状态栏.png"，置于画板顶部，作为状态栏占位图。设置状态栏尺寸为宽度 W：428，高度 H：44，如图 1.19 所示。

· 007 ·

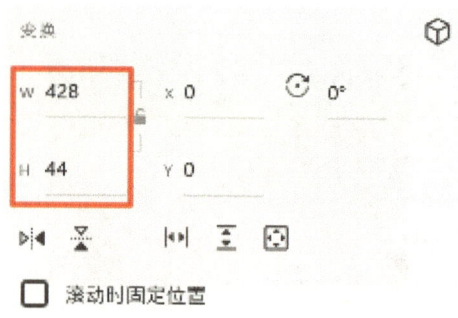

图 1.18　设置画板尺寸　　　　　　　图 1.19　设置状态栏参数

（2）设置导航栏尺寸：428 像素×44 像素，文本内容为"个人资料"，打开素材，选择"返回.png"，置于标题栏左侧适当位置，作为返回上一页按钮，切换至原型面板，为返回上一页按钮添加交互动作。设置触发为点击，类型为自动制作动画，目标为智慧团建首页，设置渐出，持续时间为 0.6 秒，如图 1.17 所示，可以通过点击"返回上一页"按钮跳转至智慧团建首页。

2. 在内容区制作"报到资料"与"奖惩信息"切换区域及审核区域和警告区域。

（1）使用矩形工具绘制切换区域。设置宽度 W：428，高度 H：48，依据效果图添加线条。

（2）使用矩形工具绘制审核区域和警告区域。审核区域设置宽度 W：428，高度 H：64；警告区域设置宽度 W：428，高度 H：36。打开素材，将图标置于指定位置，并输入对应文字。切换、审核、警告区域效果如图 1.20 所示。

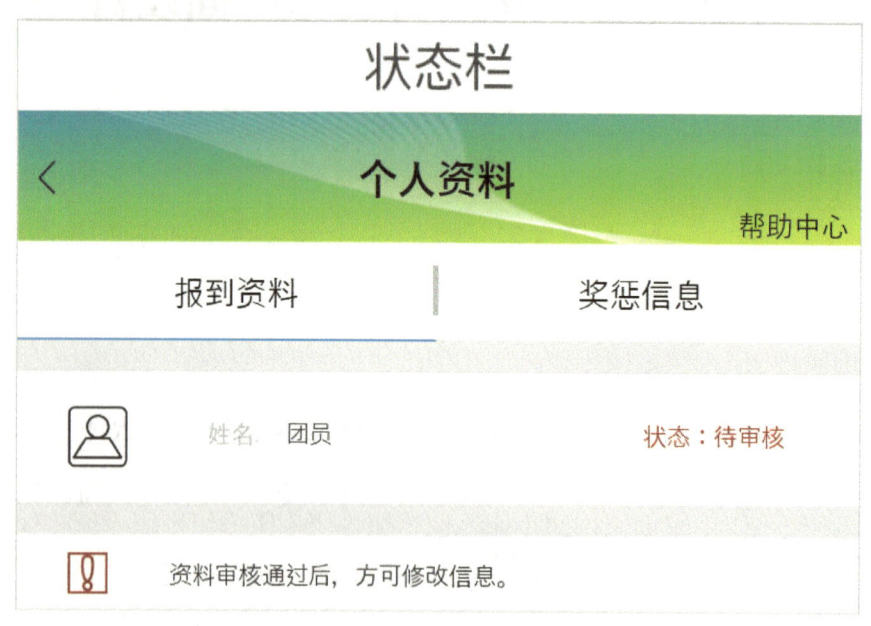

图 1.20　切换、审核、警告区域效果

3. 绘制基本信息区域。

依据界面长度，绘制多条直线，设置宽度 W：428，高度 H：0，每条直线上下间隔：50，输入"姓名""性别""证件类型""身份证号""实名认证""入团年月""所在支部""联系方式"，并绘制"提交"按钮，参数设置为宽度 W：324，高度 H：36，填充颜色：#00A2E9。基本信息区域效果如图 1.21 所示。个人资料界面整体效果如图 1.22 所示。

图 1.21　基本信息区域效果　　　　图 1.22　个人资料界面整体效果

考核评价

请对本次学习任务的知识和技能进行梳理与汇总，填写表 1.1。

表 1.1　项目 1 评价考核表

考核项目		分值
软件操作	能将设计软件熟练运用到制作中	
	了解智慧团建的界面设计规范	
知识掌握	界面交互动作的实现	

1. 如何实现界面交互动作？
2. 请为某智慧校园 App 设计制作登录界面、首页和个人信息注册提交界面。

项目 2 乡村民宿

项目描述

乡村民宿经济发展已经成为农村数字经济发展的综合体，是农村产业融合发展最有效的切入点之一，也是农业供给侧结构性改革的重点，对于落实农村发展新理念起到重要的推动作用。乡村民宿经济发展让农村全面融入市场经济，让农民充分参与其中，这是乡村民宿经济给农村带来的最大改变。

乡村民宿是把农宅改造成"外土内洋"的旅馆酒店，是把精致小屋安放在绿水青山之中，是把城市现代生活搬到乡村来过。乡村民宿能让游客在绿水青山中享受宁静，在蓝天白云间行走呼吸，在乡土文化中领略神奇，在乡村农家里休闲度假。乡村民宿是一种成熟的旅游市场、规范的旅游产业，可复制的经营模式，新颖的经济业态。乡村民宿经济是融合农村第一、二、三产业发展的切入点，是整合农村资源的"牛鼻子"，是关联农村整体发展的大平台。

项目设计

本项目共 4 个任务，每个任务对应不同的界面及设计元素和需求。在进行乡村民宿项目界面设计之前，需要先确定应用的整体风格，因为这会影响用户对应用的印象和评价，然后通过布局、颜色、大小、位置等方式，建立不同层次的信息结构，将重要信息或功能置于显著位置。本项目将涉及按钮、动画、界面交互动作等内容，合理的交互设计可以有效地改善用户体验，在设计过程中，要综合考虑用户的使用场景、习惯和反馈机制等多方面因素，从而完成交互设计。

项目目标

1. 知识与技能

（1）通过本项目的学习，熟悉乡村民宿项目界面设计的实施流程。

（2）掌握利用 Adobe XD 实现跳转链接功能及界面交互动作的制作方法。

2. 过程与方法

（1）通过制作思维导图，了解本项目实施的完整流程。

（2）通过本项目的完整实现，掌握相应的知识技能。

3. 情感态度与价值观

通过对乡村民宿项目界面的整体设计与模型制作，提升分析问题、解决问题的能力，培养严谨的工作态度，提升举一反三的能力。

知识准备

- 掌握界面交互动作的设置及使用方法。
- 掌握图形尺寸、阴影等特效的参数设置方法。
- 掌握用 Adobe XD 实现轮播图效果的制作方法。
- 了解导航栏按钮交互动作的实现。

项目实施

乡村民宿项目实施流程如图 2.1 所示。

图 2.1　乡村民宿项目实施流程

任务 1 乡村民宿首页设计

🎤 任务 1 说明

1. 显示系统广告轮播图，点击轮播图跳转至乡村民宿对应详情页面。

（1）新建画板，设置画板尺寸：iPhone 12 Pro Max（428 像素×926 像素），如图 2.2 所示。

（2）打开素材，选择"状态栏.png"，置于页面顶部，状态栏效果如图 2.3 所示。设置宽度 W：428，高度 H：44，如图 2.4 所示。

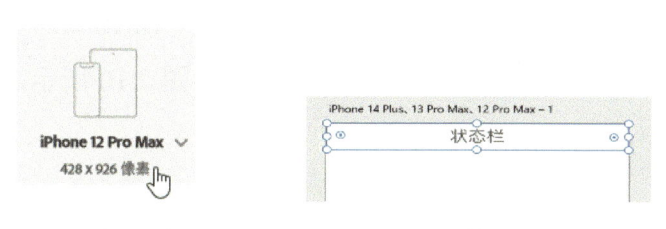
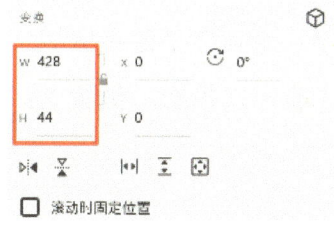

图 2.2 画板尺寸设置　　　　图 2.3 状态栏效果　　　　图 2.4 状态栏参数设置

（3）打开素材，选择"首页 banner.png"，设置宽度 W：428，高度 H：140，如图 2.5 所示。将其拖动至状态栏下方相应位置，"首页 banner"效果如图 2.6 所示。

图 2.5 "首页 banner"参数设置　　　　图 2.6 "首页 banner"效果

2. 显示搜索民宿名称区域，可选择当前城市、入住时间、离店时间、民宿名称，点击"开始搜索"按钮，跳转至民宿列表界面。

（1）绘制搜索区域，设置宽度 W：396，高度 H：208，位置 X：16，Y：140，圆角：15。效果选项勾选投影，位置 X：2，Y：6，B：6，投影颜色：#F2F0F0，如图 2.7 所示。依据效果图添加线条、文本，搜索区域效果如图 2.8 所示。

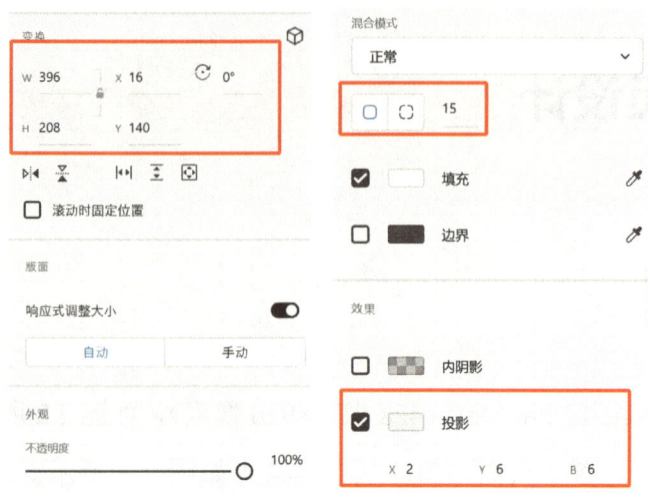

图2.7 搜索区域参数设置　　　　　　图2.8 搜索区域效果

（2）绘制2个链接区域，设置宽度W：190，高度H：60，圆角：10，如图2.9所示。效果选项勾选投影，位置X：2，Y：6，B：6，投影颜色：#F2F0F0，如图2.10所示。

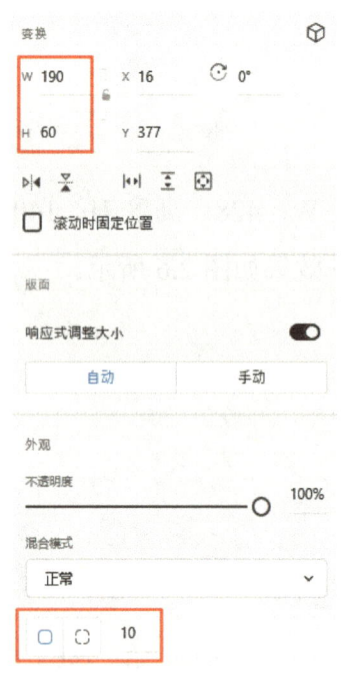
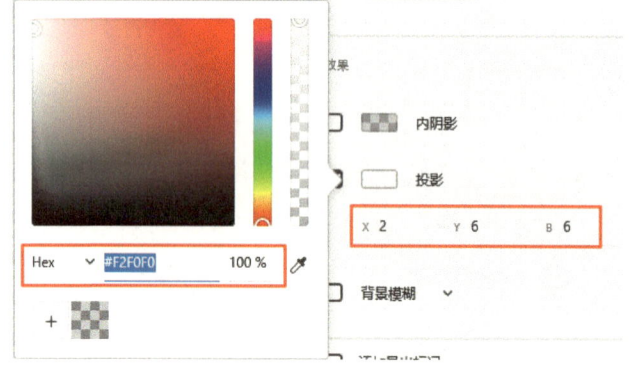

图2.9 链接区域参数设置　　　　　　图2.10 链接区域投影参数设置

（3）绘制旅游攻略区域，设置宽度W：259，高度H：116，圆角：10，如图2.11所示。效果选项勾选投影，设置位置X：2，Y：6，B：6，投影颜色：#F2F0F0。

（4）绘制2个民宿区域，设置宽度W：190，高度H：105，如图2.12所示。

图 2.11　旅游攻略区域参数设置　　　　图 2.12　民宿区域参数设置

3. 显示底部导航栏，采用图标加文字方式显示，图标在上，文字在下，共 4 个图标，分别为"首页""攻略""民宿""我的"，点击标签进入相应界面，并用颜色标记当前界面所在导航栏。

（1）使用直线工具绘制导航栏，设置宽度 W：428，高度 H：0，如图 2.13 所示。

（2）置入图标，打开素材，将"首页""攻略""民宿""我的"这 4 个图标置于指定位置，并输入对应文字。乡村民宿首页整体效果如图 2.14 所示。

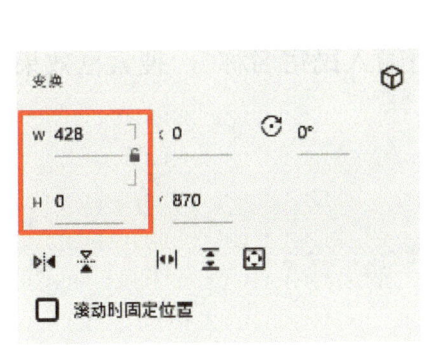

图 2.13　导航栏参数设置　　　　图 2.14　乡村民宿首页整体效果

任务 2　乡村民宿列表界面设计

任务 2 说明

1. 显示搜索框，搜索框内有搜索图标和提示文字。

（1）绘制矩形，使用工具箱中的矩形工具绘制矩形，设置宽度 W：396，高度 H：40，圆角：30，如图 2.15 所示。填充颜色：#F6F6F6，设置投影位置 X：0，Y：3，B：6，如图 2.16 所示。

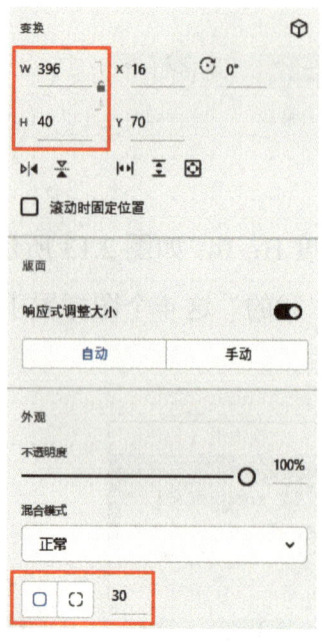

图 2.15　搜索框参数设置

图 2.16　搜索框颜色投影设置

（2）置入搜索图标，并输入"09.16-09.18｜请输入民宿名称"，搜索框效果如图 2.17 所示。

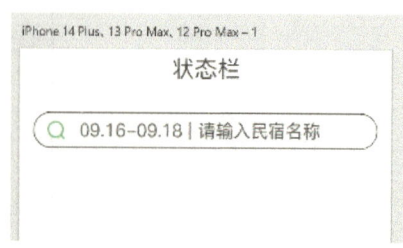

图 2.17　搜索框效果

2. 显示民宿列表，列表项目包括图片、民宿名称、民宿房间规格、民宿价格、评分、民宿位置等信息。

（1）绘制6个民宿展示区域，设置宽度W：190，高度H：105，如图2.18所示。

（2）置入图形，打开素材，将其拖动至相应位置，输入对应文字。列表界面整体效果如图2.19所示。

图2.18 民宿展示区域参数设置

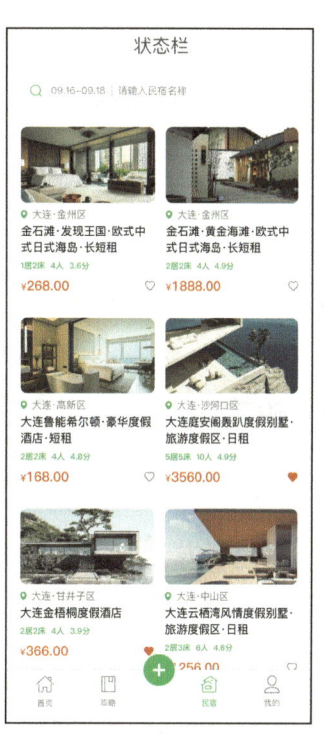

图2.19 列表界面整体效果

任务 3　乡村民宿代金券界面设计

🎙 任务3说明

1. 代金券界面顶部显示代金券标题栏和返回上一页按钮，下面有"有效的"与"失效的"切换区域，点击后跳转到对应的有效代金券或者失效代金券界面。

（1）设置导航栏尺寸：428像素×44像素，文本内容：代金券，从素材库选择"返回.png"，将其置于标题栏左侧适当位置，作为返回上一页按钮。导航栏链接图如图2.20所示。

（2）切换至原型面板，为返回上一页按钮添加交互动作。设置点击：触发，类型：自动制作动画，目标：乡村民宿首页，持续时间：0.6 秒，如图 2.21 所示，使界面可以通过返回上一页按钮跳转回乡村民宿首页。

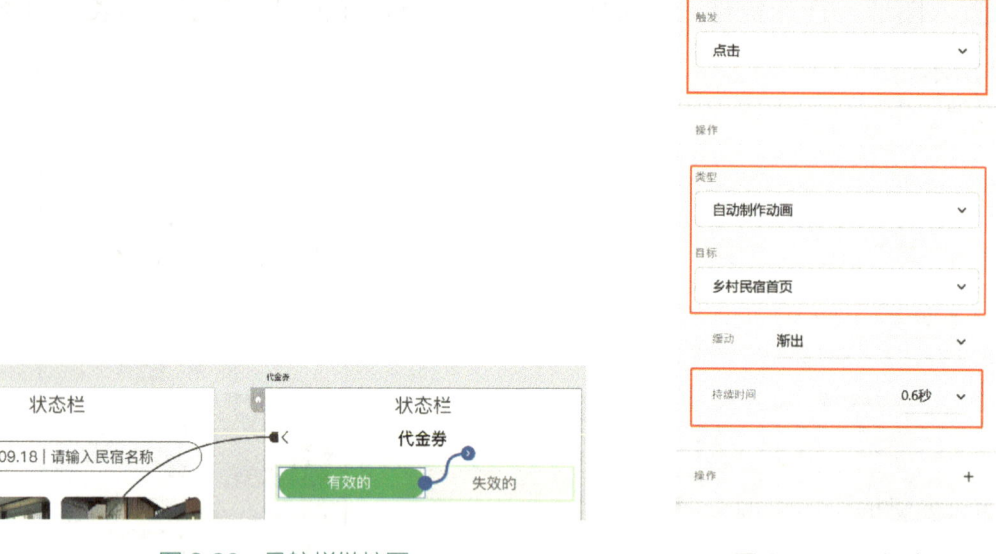

图 2.20　导航栏链接图　　　　　　　　图 2.21　原型面板

（3）标题栏下方为内容区，内容区尺寸：428 像素×838 像素，可根据内容对界面尺寸进行适当延长。

2. 在内容区制作"有效的"与"失效的"按钮切换交互动作。

（1）制作好"有效的"切换栏素材，如图 2.22 所示，并将全部"有效的"切换栏元素添加为组件，命名为"有效"。

图 2.22　"有效的"切换栏素材

（2）单击默认状态组件后面的"+"，新增"失效"组件状态，如图 2.23 所示，并制作此状态对应的"失效的"切换栏素材，如图 2.24 所示。

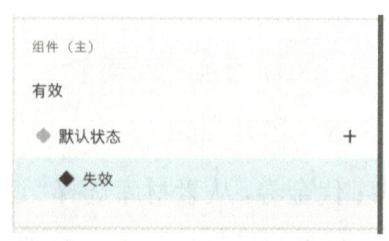

图 2.23　"失效"组件状态　　　　　图 2.24　"失效的"切换栏素材

· 018 ·

（3）切换至原型面板，为"有效"组件中的"失效的"切换栏按钮添加交互动作，设置类型为自动制作动画，缓动为渐出，持续时间为 0.6 秒，如图 2.25 所示。为"失效"组件中的"有效的"切换栏按钮添加交互动作，设置点击为触发，类型为自动制作动画，目标：失效，缓动：渐出，持续时间：0.6 秒。

图 2.25 "失效的"切换栏参数设置

3. 依据界面长度，绘制多个代金券详情图片，每张图片尺寸：396 像素 ×110 像素，图片上下间隔：13，代金券包含具体金额、满减要求、有效期和"立即兑换"按钮要素，代金券界面效果如图 2.26 所示。

图 2.26 代金券界面效果

任务 4　乡村民宿民情文化详情界面设计

🎙 任务 4 说明

1. 民情文化详情界面上半部分包括民情文化标题、图片、文字介绍。

（1）设置标题栏尺寸：428 像素×44 像素，文本内容为当前地区民情文化标题，标题字号：18，从素材库选择"返回.png"，置于标题栏左侧适当位置，作为返回上一页按钮。输入标题文字"人生海海，有福相见"，如图 2.27 所示。

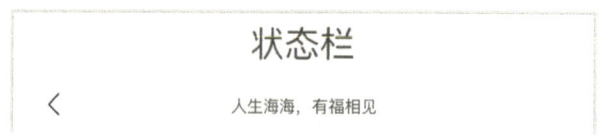

图 2.27　民情文化标题栏

（2）切换至原型面板，为"返回上一页"按钮添加交互动作，使界面跳转回乡村民宿首页，如图 2.28 所示。

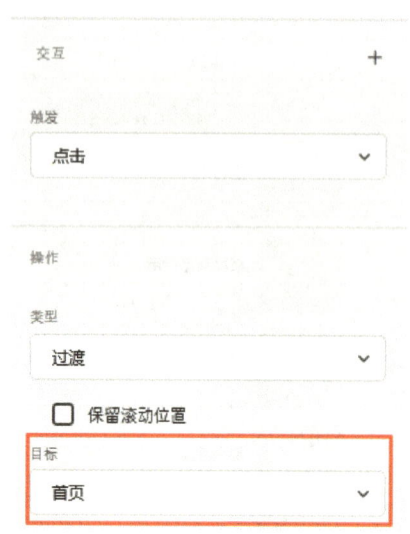

图 2.28　"返回上一页"按钮交互动作设置

（3）标题栏下方内容区域的上半部分设置，包括图片及文字介绍，图片宽度 W：428，高度 H：200～220。文字介绍区域宽度 W：428，高度 H：350，字号：16，民情文化标题、图片、文字介绍效果如图 2.29 所示。

·020·

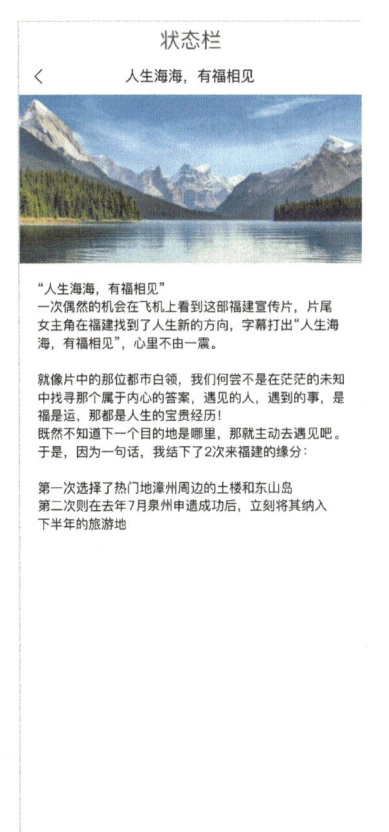

图 2.29　民情文化标题、图片、文字介绍效果

2. 民情文化详情界面下半部分包括评论总数，发表评论的用户头像、昵称、时间、点赞数和评论内容，界面底部显示发表评论输入框和"评论""收藏"按钮。

（1）评论与上半部分文字介绍之间插入矩形框，设置宽度 W：428，高度 H：11，无边界，如图 2.30 所示。矩形框颜色：#DDDDDD，如图 2.31 所示。

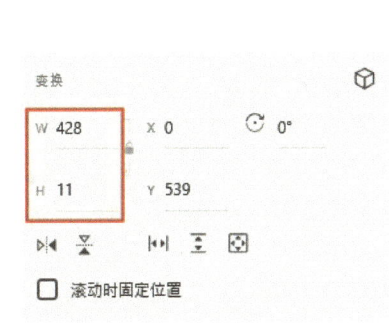

图 2.30　矩形框参数设置

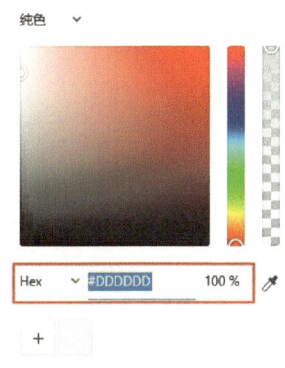

图 2.31　矩形框颜色设置

（2）单条评论区尺寸：428 像素×300 像素。用户头像选择圆形，尺寸：36 像素×36 像素；昵称字体：苹方，字号：16；从素材库中选择"点赞.png"，置于评论区右上角，尺寸：

13像素×14像素；评论点赞数在"点赞.png"后方，字号：14；图片及数字的间距：8；评论内容字号：16，评论区效果如图2.32所示。

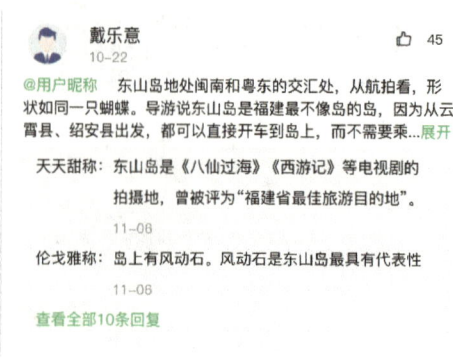

图2.32 评论区效果

（3）界面底部左侧添加矩形组件。矩形组件尺寸：225像素×30像素；圆角：20；在素材库中选择"评论.png"，后方为评论数，选择"收藏.png"，后方为点赞数，置于界面底部右侧位置，图标尺寸：14像素×14像素，字号：12，适当调整界面比例及各区、组件位置，使页面尽可能协调美观，乡村民宿民情文化详情界面效果如图2.33所示。

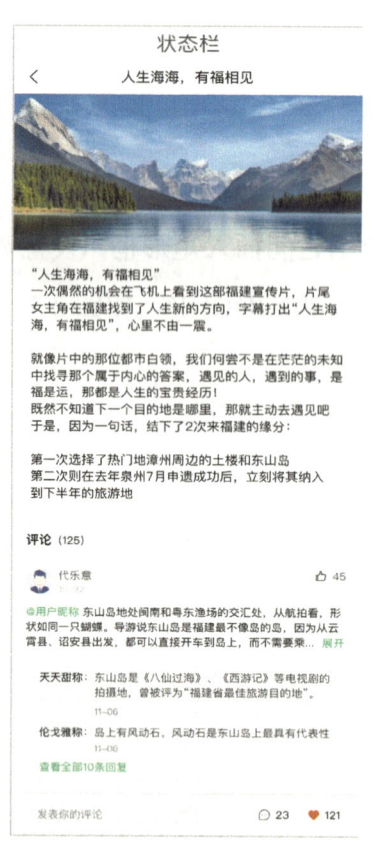

图2.33 乡村民宿民情文化详情界面效果

考核评价

请对本次学习任务的知识和技能进行梳理与汇总，填写表 2.1。

表 2.1 项目 2 评价考核表

考核项目		分值
软件操作	设计软件合理、规范	
	对移动界面的设计规范有一定的了解，并能运用到制作中	
知识掌握	轮播图效果的实现	
	底部导航栏及按钮切换交互动作的实现	

项目习题

1. 如何实现轮播图效果？
2. 如何实现按钮切换交互动作？
3. 请为某旅游软件设计首页、旅游城市列表界面、旅游代金券界面和旅游城市详情界面。

项目 3 公益活动

项目描述

公益活动是一种以回馈社会、帮助他人为目的的活动，具有深远的意义和重要的价值。公益活动体现了组织或个人助人为乐的高贵品质和关心公益事业、勇于承担社会责任、为社会无私奉献的精神风貌，能够给公众留下值得信任的良好印象，从而赢得公众的赞美和良好的声誉。公益活动不仅可以推动社会的进步与发展，培养公民的社会责任感，促进社会信任与凝聚力的形成，提升个人能力和素质，倡导公正与道德观念，还能够促进环境保护与可持续发展。

公益，从字面意思看，是为了公众的利益，它的实质可以说是社会财富的再次分配。公益活动是指组织或个人向社会捐赠财物、时间、精力和知识等活动。公益活动的内容包括社区服务、环境保护、知识传播、公共福利、帮助他人、社会援助、社会治安、紧急援助、青年服务、慈善、社团活动、专业服务、文化艺术活动及国际合作等。

公益 App 作为公益事业的重要推动力之一，可以提高公益组织的工作效率，增加公众参与度。虽然公益 App 目前在知名度、功能设计和用户体验等方面仍存在一定的问题，需要进一步优化和改善，但我们相信，通过不断改进，公益 App 必将为促进社会公益事业的发展发挥更多、更大的作用。

项目设计

本项目共 4 个任务，每个任务均对应一个不同的独立界面的设计需求，在进行公益活动项目界面设计之前，需要先确定应用的整体风格，然后通过对布局、颜色、大小、位置等的设置，建立不同层次的信息构架，将重要信息或功能置于显著位置。本项目涉及按钮、动画、界面切换等内容，合理的交互设计可以有效地改善用户的体验。在设计过程中，要综合考虑用户的使用场景、习惯和反馈机制等多方面因素，从而完成交互设计。

项目目标

1. 知识与技能

（1）通过本项目的学习，熟悉使用 Adobe XD 制作可点击切换的交互式 banner。
（2）掌握利用底部 Tab 导航栏控制界面切换的方法。

2. 过程与方法

（1）通过项目功能的设计与思维导图的制作，了解本项目实施的完整流程。
（2）通过项目的完整实现，掌握相应的知识技能。

3. 情感态度与价值观

通过对公益活动项目界面的建模与设计，提升分析问题、解决问题的能力，提升举一反三的能力，培养社会责任感和公民意识。

知识准备

- 熟练掌握原型界面交互动作的常见设置及使用方法。
- 掌握用 Adobe XD 制作点击实现轮播效果的方法。
- 掌握用 Tab 导航栏联动控制界面切换的方法。

项目实施

公益活动项目实施流程如图 3.1 所示。

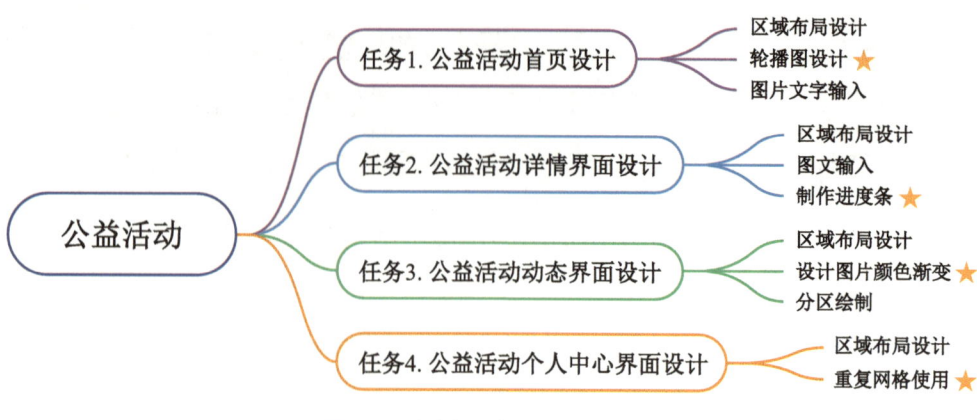

图 3.1 公益活动项目实施流程

任务 1 公益活动首页设计

🎤 任务 1 说明

1. 绘制首页搜索框。

（1）新建画板。设置画板尺寸：iPhone 12 Pro Max（428 像素×926 像素），如图 3.2 所示。

（2）打开素材。选择"状态栏.png"，置于界面顶部，勾选右侧菜单栏"滚动时固定位置"选项。设置宽度 W：428，高度 H：44，状态栏效果如图 3.3 所示。

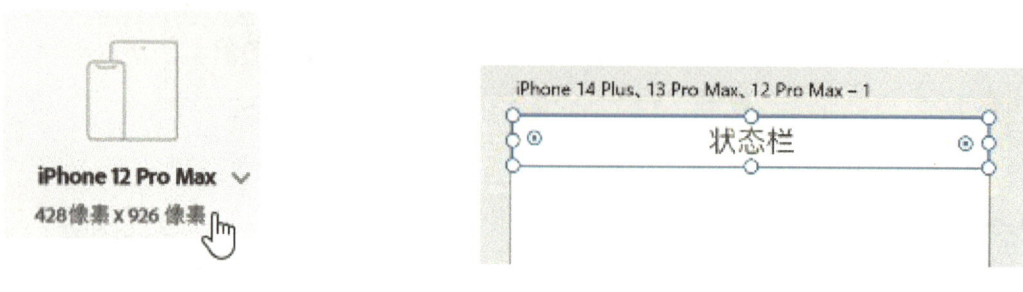

图 3.2 画板尺寸设置　　　　　　　　图 3.3 状态栏效果

（3）制作搜索框。绘制尺寸为 428 像素×44 像素的矩形，无填充无边界；绘制尺寸为 350 像素×32 像素的矩形，圆角半径：999，无边界；绘制文本框，宽度 W：360，文本内容：请输入要搜索的内容，字号：14，填充颜色：#86909C。选中矩形和文本框，将其设置为居中对齐、水平对齐，如图 3.4 所示。

· 026 ·

图 3.4　矩形和文本框设置

2. 制作首页轮播图。点击图片进行顺序切换，点击图片下方的控制器跳转到对应图片。

（1）新建 Web 1920 画板。导入三张图片"首页 banner1""首页 banner2""首页 banner3"，图片尺寸均为 380 像素×211 像素，圆角半径：15；选中三张图片，将其设置为居中对齐、水平分布。绘制尺寸为 42 像素×8 像素的矩形，圆角半径：15，填充颜色：白色，无边界，投影颜色：#B2B1B1，位置为 X：3，Y：3，Z：6，复制此矩形至三张图片下方，分别在靠左、居中和靠右位置，作为轮播图控制器。轮播图素材导入如图 3.5 所示。

图 3.5　轮播图素材导入

（2）分别选中图片和其对应的控制器，使用【Ctrl+G】组合键或者右击建组，然后选中所有组件，设置居中对齐，水平对齐，令三个组件堆叠在一起，如图 3.6 所示。

（3）在左侧菜单栏下方选择图层，如图 3.7 所示。单击堆叠的图层，观察左侧被选中的组，如图 3.8 所示。

 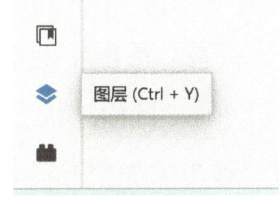 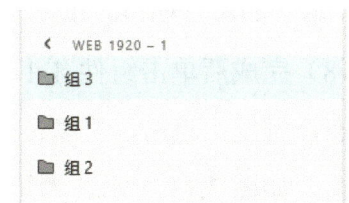

图 3.6　组件堆叠　　　　图 3.7　选择图层　　　　图 3.8　左侧被选中的组

（4）选择组 3，使用【Ctrl+Shift+［】组合键把"组 3"置于底层，也可以右击，在"排序"菜单中选择"置为底层"选项,使用同样的方法,将"组 1"置于顶层。调整后的组如图 3.9 所示。

(5)选中所有组,选择右侧的"组件",单击旁边的"+"按钮,添加默认状态。单击左侧的组件 1-1,双击打开组 1,如图 3.10 所示,在此状态选中组 1 的按钮(矩形 1),填充颜色:"#FF7855"。

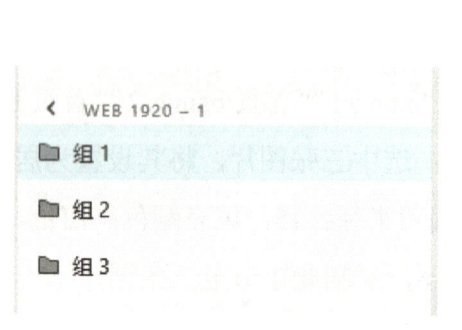
图 3.9　调整后的组

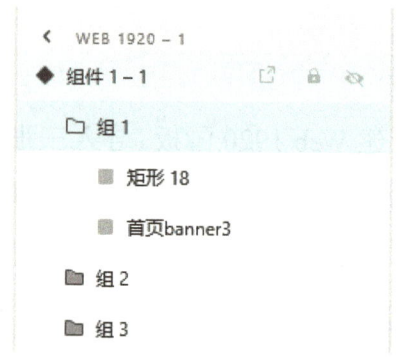
图 3.10　打开组 1

(6)重新单击组件 1-1,单击右侧组件默认状态的"+"按钮,添加"状态 2"和"状态 3",选择"状态 2"选项,如图 3.11 所示,单击进入组 1,按钮填充:#FFFFFF,不透明度:0,选中"状态 2",填充颜色:#FF7855。"状态 2"选项效果如图 3.12 所示。

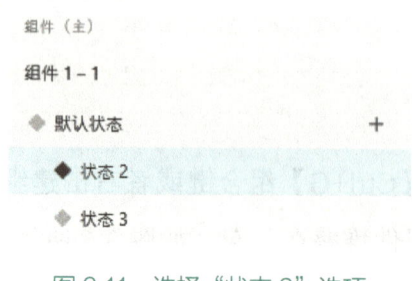
图 3.11　选择"状态 2"选项

图 3.12　"状态 2"选项效果

(7)选择"状态 3",矩形 1 和矩形 2 的填充颜色:#FFFFFF,矩形 3 的填充颜色:#FF7855,组 1、组 2 的不透明度:0。

(8)完成后单击组件 1-1 进入默认状态,单击左上角"原型"进入原型界面,选择默认状态,触发:点击,类型:自动制作动画,目标:状态 2,持续时间:0.6 秒,缓动:渐入渐出,如图 3.13 所示。为矩形 2 和矩形 3 添加交互动作,目标分别为"状态 2"和"状态 3",其他参数同上,乡村民宿首页效果如图 3.14 所示。

(9)分别选择"状态 2"和"状态 3",重复上述步骤,"状态 2"目标选择"状态 2","状态 3"目标选择默认状态。把制作好的轮播图放置到首页,位置 X:24,Y:113。

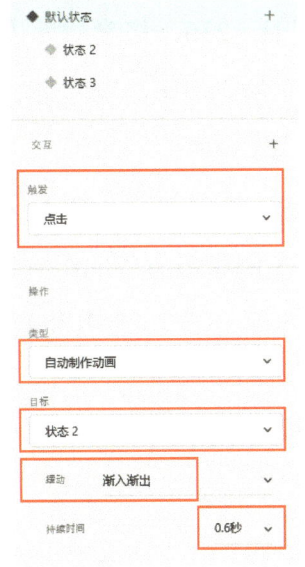

图 3.13　默认状态参数设置　　　　图 3.14　乡村民宿首页效果

3. 完成首页剩余模块的制作。

（1）在轮播图下方绘制矩形，宽度 W：428，高度 H：236，将素材库内"首页分类 1""首页分类 2""首页分类 3"三张图片放到矩形内，其尺寸及位置分别为 W：140，H：204，X：32，Y：362；W：212，H：98，X：184，Y：362；W：212，H：98，X：184，Y：468，在三张图片的合适位置上插入公益活动分类文本。首页分类效果如图 3.15 所示。

（2）在首页分类下方绘制矩形，设置宽度 W：428，高度 H：323，在矩形顶部绘制一个矩形作为标题框，设置宽度 W：428，高度 H：40，在标题框左侧插入文本"消费帮扶"，字号：18，在标题框右侧适当位置插入文本"查看更多 >"，字号：14。将素材库内"首页活动 1""首页活动 2""首页活动 3"三张图片放到矩形内，其尺寸及位置分别为 W：210，H：91，X：24，Y：637；W：210，H：145，X：24，Y：741；W：150，H：243，X：248，Y：637。消费帮扶界面效果如图 3.16 所示。

图 3.15　首页分类效果　　　　图 3.16　消费帮扶界面效果

（3）在首页底部插入矩形，设置宽度 W：428，高度 H：236，将素材库内"首页.png"图标放到矩形左侧位置，在图标右侧插入文本"首页"，字号：16，在左侧图层菜单按下【Ctrl+G】组合键，单击图标和文本，然后右键选择"组"。

（4）选中建好的组，单击右侧菜单，选择"重复网格"选项如图 3.17 所示。拖动此组右侧绿色按钮进行复制，直至获得 4 组相同元素。调整最左侧和最右侧的组到适当位置后选择全部 4 组元素，单击右侧菜单中的"居中对齐"和"水平分布"，使其位置均匀分布。4 组元素的效果如图 3.18 所示。

图 3.17　重复网格

图 3.18　4 组元素的效果

（5）依次选择复制出来的组，右击图像，选择替换图像为"助力.png""动态.png"和"我的.png"，修改对应文本。

（6）插入矩形，设置宽度 W：86，高度 H：37，填充颜色：白色，无边框，圆角半径：50，投影颜色：#F6A0A0，位置 X：3，Y：3，B：6，拖动矩形到首页元素上方，使用【Ctrl+Shift+［】组合键，使矩形置于元素下方，如图 3.19 所示。

（7）首页整体效果如图 3.20 所示。

图 3.19　首页 Tab 菜单效果

任务 2　公益活动详情界面设计

🎤 任务 2 说明

1. 状态栏、标题栏及菜单栏的制作。

（1）选择"状态栏.png"，置于页面顶部，勾选"滚动时固定位置"选项，设置宽度 W：428，高度 H：44，如图 3.21 所示。

图 3.20　首页整体效果

图 3.21 状态栏参数设置

（2）在状态栏下方绘制矩形，设置宽度 W：428，高度 H：323，作为标题栏。在矩形中心位置插入文本"美好正在发生"，字号：26，粗细：Heavy。将素材库内"搜索.png"插入矩形右侧适当位置，设置宽度 W：28，高度 H：28，标题栏效果如图 3.22 所示。

图 3.22 标题栏效果

（3）在标题栏下方绘制矩形，设置宽度 W：460，高度 H：51，作为菜单栏。边框大小：1，颜色：#C4C1C1，在菜单栏左侧位置插入文本"精选项目"，字号：20，选中文本，使用重复网格功能进行复制，如图 3.23 所示。

（4）将复制的文本修改为"正在助力"和"助力完成"。设置"正在助力"文本颜色为 #F36835，文本下方插入矩形，设置宽度 W：68，高度 H：3，填充颜色：#F36835，菜单栏效果如图 3.24 所示。

图 3.23 使用重复网格功能　　　　　　图 3.24 菜单栏效果

2. 制作公益活动详细分类及活动简介部分内容。

（1）在菜单栏下方绘制矩形，设置宽度 W：428，高度 H：673，设置填充颜色为线性渐变。上端填充颜色：#FCFCFC，中下端填充颜色：#F1F1F1，下端填充颜色：#F3F1F1，如图 3.25 所示。

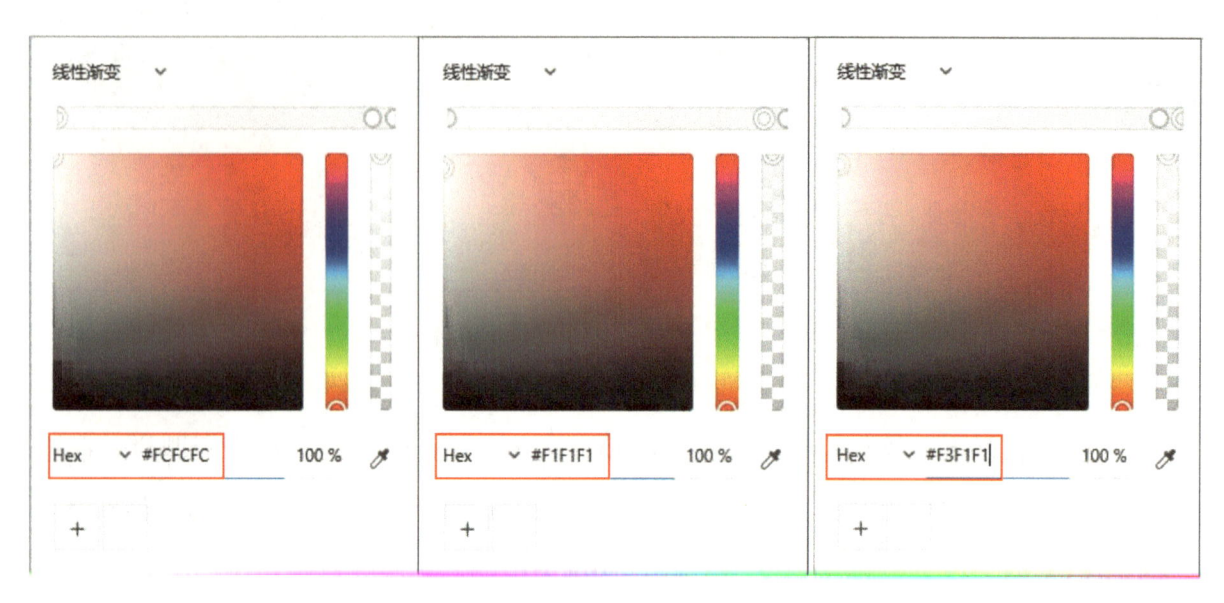

图 3.25 填充颜色设置

（2）将素材库内"环保.png"放到矩形区域内 X：12，Y：193 的位置，并在下方插入文本"绿色环保"，将图片与文本建组，选中组，使用重复网格功能复制该组右侧及下方网格控制器，将图文组复制为 6 个，如图 3.26 所示。

（3）取消网格编组，依次将复制出来的"环保.png"替换为不同的图片，并对图片下方对应的文本进行适当修改，详细分类效果如图 3.27 所示。

图 3.26 使用重复网格功能

图 3.27 详细分类效果

·032·

（4）插入矩形，设置密度 W：400，高度 H：188，位置 X：12，Y：427，圆角半径：12，填充颜色：白色，无边界。将素材库内图片"活动详情 1.png"插入矩形左侧，设置宽度 W：120，高度 H：145，在矩形右侧适当位置分别插入文本"青葱课堂：关于爱，关于青春的第一堂课"，字体：24，粗细：Bold；"已助力　20 次"，字体：16，填充颜色：#F36835；"已完成 40%　20 天"，字体：16，填充颜色：#86909C，设置一长一短不同颜色的矩形叠放作为进度条。活动详情效果如图 3.28 所示。

图 3.28　活动详情效果

（5）将下方 Tab 栏按钮矩形调整至"助力"位置，依照上述操作完成活动详情整体界面设计。活动详情整体界面效果如图 3.29 所示。

图 3.29　活动详情整体界面效果

任务 3　公益活动动态界面设计

🎙 任务 3 说明

1. 公益活动动态界面上半部分包括今日焦点和热门话题。

（1）将素材库内的"动态页面背景图.png"置于界面顶部位置，图片设置宽度 W：428，高度 H：270，再插入一个矩形，设置宽度 W：428，高度 H：172，位置 X：0，Y：270，填充颜色：EED8B0，无边框，将图片与矩形置于底层。

（2）将素材库内的"状态栏.png"置于界面顶部，勾选"滚动时固定位置"选项。图片设置宽度 W：428，高度 H：44，导航栏图片效果如图 3.30 所示。

图 3.30　导航栏图片效果

（3）在背景图片和矩形内插入适当文本，完成今日焦点的制作，其效果如图 3.31 所示。热门话题效果如图 3.32 所示。

图 3.31　今日焦点效果　　　　图 3.32　热门话题效果

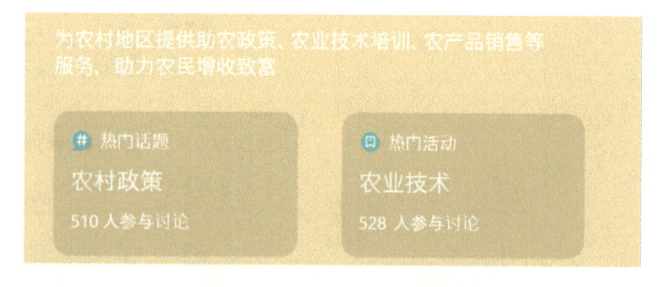

2. 使用重复网格功能进行复制，完成推荐关注内容的制作。

（1）在今日焦点下方插入矩形，设置宽度 W：428，高度 H：230，填充颜色：#F7F8FA，无边框。在矩形左上角插入文本"为您推荐"，字体：苹方；字号：18。

（2）在文本下方插入矩形，设置宽度 W：400，高度 H：150，填充颜色：白色，描边宽度：1，边框颜色：#707070。从素材库中选择"头像 1.png"插入矩形框，图片设置宽度 W：40，高度 H：40；圆角半径：999，头像下方插入对应头像的文本昵称与职业，字号：16，下行文本填充颜色：#86909C。文本下方插入一个矩形，设置宽度 W：56，高度 H：30，填充颜色：008000，圆角半径：999，在此矩形上插入白色填充文本"关注"。单个推荐关注效果如图 3.33 所示。

（3）打开左侧图层菜单，按下【Ctrl+G】组合键，单击上个步骤中所有元素以选中全部（注意此操作不是单击工作区内的元素）。图层区全选如图 3.34 所示，选择"组"选项进行建组。

图 3.33　单个推荐关注效果　　　　　　图 3.34　图层区全选

（4）选中建好的组，使用重复网格功能进行复制，再依次选择复制出来的组，右击头像选择替换图像，修改昵称与职业，完成推荐关注的制作，其效果如图 3.35 所示。

（5）在推荐关注下方插入矩形，设置宽度 W：428，高度 H：200，填充颜色：#F7F8FA，无边框，在此区域内完成话题列表的制作，其效果如图 3.36 所示。将下方 Tab 栏按钮矩形调整至"动态"位置，公益活动动态界面整体效果如图 3.37 所示。

图 3.35　推荐关注效果　　　　　　图 3.36　话题列表效果

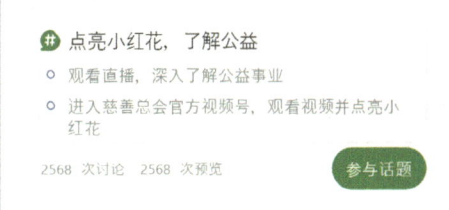

图 3.37　公益活动动态界面整体效果

任务 4　公益活动个人中心界面设计

🎤 任务 4 说明

1. 个人中心界面上半部分为个人信息和打卡区域。

（1）将素材库图片"个人中心背景图.png"插入界面顶部位置，图片设置宽度 W：428，高度 H：230，再插入矩形，设置宽度 W：360，高度 H：150，位置 X：34，Y：137，填充颜色：#FFFFFF，圆角半径：10，无边框，按下【Ctrl+Shift+［】组合键将图片置于矩形的下层，个人中心背景如图 3.38 所示。

（2）将素材库中的"状态栏.png"插入界面顶部，勾选"滚动时固定位置"选项，设置宽度 W：428，高度 H：44。将素材库中的"头像 1.png"插入 X：68，Y：132 的位置，图片设置宽度 W：86，高度 H：86；圆角半径：999，置于矩形的上层。在头像右侧插入对应头像的文本昵称与等级，字号：16，下行文本填充颜色：#F28C33，在头像下方插入三个文本框，分别制作"我的余额""可用积分""公益码"，个人信息效果如图 3.39 所示。

图 3.38 个人中心背景

图 3.39 个人信息效果

（3）在个人信息下方插入矩形，宽度 W：428，高度 H：194，填充颜色：白色，无边框，将素材库中的"打卡 1.png""打卡 2.png"插入矩形中心两侧相对位置，图片设置宽度 W：180，高度 H：126，置于矩形的上层，图片下方分别插入文本"每日有氧"和"每日早起"字号：20，打卡详情的文本字号：14，打卡区域效果如图 3.40 所示。

图 3.40 打卡区域效果

2. 下半部分包括公益档案和公益助手，可通过重复网格进行快速制作。

（1）在页面插入矩形，设置宽度 W：428，高度 H：162，位置 X：0，Y：528，填充颜色：FFFFFF，无边框，在矩形左上方 X：0，Y：539 的位置插入文本"我的公益档案"，字体：苹方，字号：22，字体粗细：Bold。将素材库中的"公益档案 1.png"插入矩形，图片设置宽度 W：56，高度 H：56，位置 X：25，Y：581，在图片下方插入文本"公益捐赠"，字号：14，字体粗细：Bold，单个公益档案图标效果如图 3.41 所示。

（2）打开左侧图层菜单，按下【Ctrl+G】组合键，单击图片和文本，选择"组"选项进行建组，如图 3.42 所示。

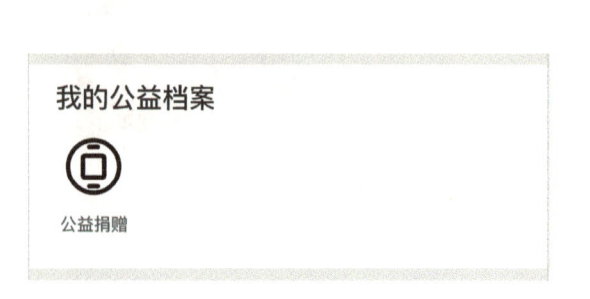

图 3.41　单个公益档案图标效果　　　　　　图 3.42　建组

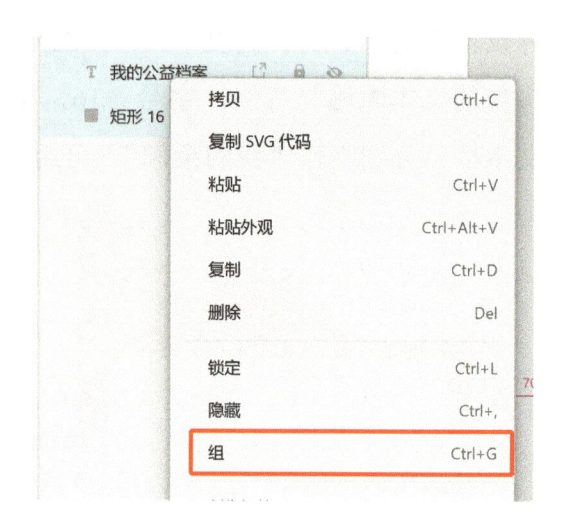

（3）选中建好的组，使用重复网格功能进行复制，依次选择复制出来的组，右击图片，替换为"公益档案 2.png"和"公益档案 3.png"，修改下方文本，公益档案效果如图 3.43 所示。

图 3.43　公益档案效果

（4）复制"公益档案"区域内所有内容，粘贴至 X：0，Y：702 的位置，修改左上方文本为"我的公益助手"，依次选择区域内所有的组，右击图片替换为"公益助手 1.png" "公益助手 2.png" "公益助手 3.png"并修改下方对应文本，公益助手效果如图 3.44 所示。

图 3.44　公益助手效果

（5）将下方 Tab 栏按钮矩形调整至"我的"位置。公益活动个人中心界面整体效果如图 3.45 所示。

图 3.45 公益活动个人中心界面整体效果

3. 为每个页面下方 Tab 栏的按钮添加交互动作，使其能够进行对应界面的跳转。

（1）切换到原型界面，选择首页下方的 Tab 栏，单击按钮右侧的"+"，为除"首页"外的其他三个按钮全部添加交互动作。设置点击为触发，类型为自动制作动画，持续时间：0.6 秒，缓动：渐入渐出。将"助力""动态""我的"按钮目标分别选择对应的界面。个人中心交互动作整体效果如图 3.46 所示。

图 3.46 个人中心交互动作整体效果

· 039 ·

（2）分别选择剩下 3 个界面，重复上述操作，为其余按钮全部添加交换动作，完成界面切换效果。

考核评价

请对本次学习任务的知识和技能进行梳理与汇总，填写表 3.1。

表 3.1 项目 3 评价考核表

考核项目		分值
软件操作	设计软件合理、规范	
	对移动界面的设计规范有一定的了解，并能运用到制作中	
知识掌握	轮播图效果的实现	
	点击底部导航栏能够实现联动控制界面的切换	

项目习题

1．如何设置元素悬浮于屏幕固定位置？
2．如何实现轮播图的点击切换效果？
3．在点击切换的基础上，如何实现轮播图的自动播放？

项目 4 智慧健康

项目描述

智慧健康是面向居家老人、社区及养老机构的能提供实时、快捷、高效、低成本、智能化养老服务的平台。

随着经济的发展，人民的生活水平得到普遍提高，我国的老龄化程度也越来越高，人们已经普遍意识到老龄化将会带来的问题。整个社会在向"衰老型"发展，人口老龄化的问题日益严重，空巢老人的现象也日益加剧，老年人口基数大、增速快、高龄化、失能化、空巢化趋势日益明显，同时，我国"未富先老"的国情和家庭小型化的结构，导致养老问题异常严峻。

智慧健康主要利用先进的信息技术手段实现"以入住老人为中心，规范养老服务，强化养老管理"的目标，同时，针对老年人心理和生理特点，以信息化技术为核心，采用先进的计算机技术、通信技术、无线传输技术、控制技术，为老人提供安全、便捷、高效、舒适的养老综合服务。

项目设计

本项目共 5 个任务，每个任务对应不同的界面及设计元素和需求。在进行智慧健康项目界面设计之前，需要先确定应用的整体风格和样式，因为这会影响用户对应用的印象和评价，然后通过对布局、颜色、大小、位置等的设置，建立不同层次的信息结构，将重要信息或功能置于显著位置。本项目涉及启动页、按钮、动画、图表等内容，合理的交互设计可以有效地改善用户体验。在设计过程中，要综合考虑用户的使用场景、习惯和反馈机

制等多方面因素，从而完成交互。

项目目标

1. 知识与技能

（1）通过本项目的学习，熟悉智慧健康项目界面设计的实施流程。

（2）掌握利用 Adobe XD 实现跳转链接功能及图表的制作方法。

2. 过程与方法

（1）通过制作思维导图，了解本项目实施的完整流程。

（2）通过本项目的完整实现，掌握相应的知识技能。

3. 情感态度与价值观

通过对智慧健康项目界面的整体设计与模型制作，提升分析问题、解决问题的能力，培养严谨的工作态度，提升举一反三的能力。

知识准备

- ☑ 掌握原型界面交互动作的设置及使用方法。
- ☑ 掌握图形尺寸、阴影等特效的参数设置方法。
- ☑ 掌握形状渐变的设置方法。
- ☑ 熟悉不同图表的类型。

项目实施

智慧健康项目实施流程如图 4.1 所示。

智慧健康 | 项目 4

```
                              ┌─ 区域布局设计
               任务1. 智慧健康启动界面设计 ─┼─ 置入图形图标 ★
                              └─ 按钮设计
                              ┌─ 区域布局设计
               任务2. 智慧健康登录界面设计 ─┼─ 置入图形图标
                              └─ 输入框设计 ★
智慧健康 ─┼── 任务3. 智慧健康预约记录界面设计 ─┬─ 区域布局设计
                              └─ 内容卡片式设计 ★
                              ┌─ 区域布局设计
               任务4. 智慧健康集中监测界面设计 ─┼─ 绘制环形图 ★
                              └─ 绘制柱形图
                              ┌─ 绘制折线图 ★
               任务5. 智慧健康心率测试界面设计 ─┤
                              └─ 绘制时间轴 ★
```

图 4.1 智慧健康项目实施流程

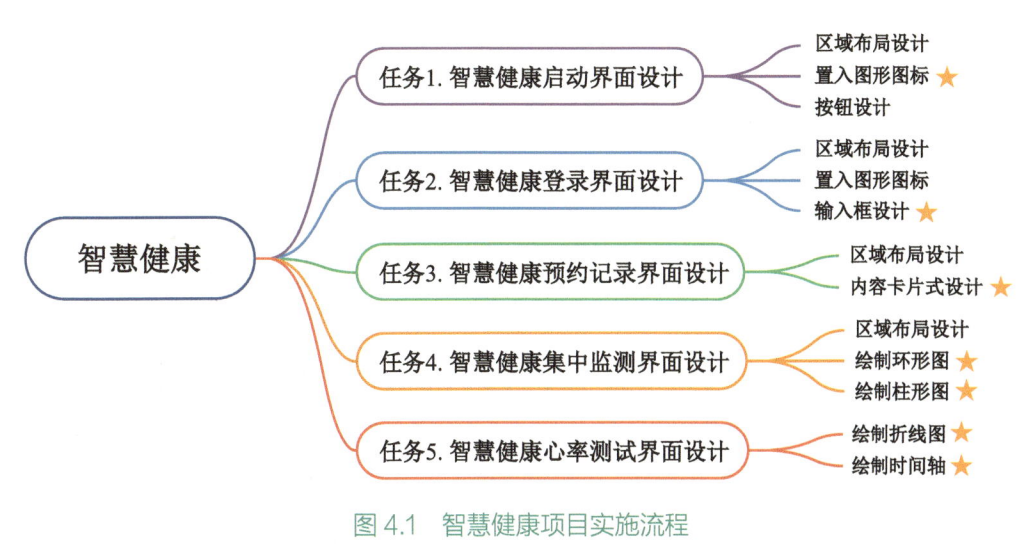

任务 1　智慧健康启动界面设计

🎙 任务 1 说明

显示智慧健康启动界面。

（1）新建画板。设置画板尺寸：iPhone 12 Pro Max（428 像素×926 像素），如图 4.2 所示。

（2）打开素材。选择"状态栏.png"，置于界面顶部，状态栏效果如图 4.3 所示。设置宽度 W：428，高度 H：44，如图 4.4 所示。

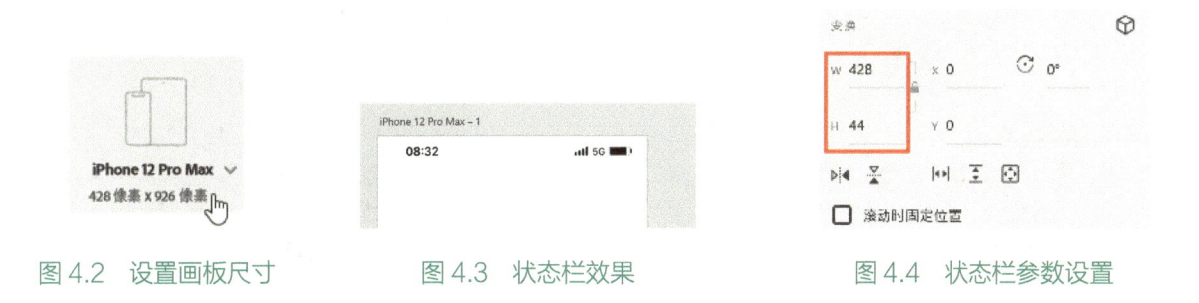

图 4.2　设置画板尺寸　　　图 4.3　状态栏效果　　　图 4.4　状态栏参数设置

（3）打开素材。选择"启动背景图.png"，设置宽度 W：428，高度 H：926，如图 4.5 所示。将其拖动至画板上，背景效果如图 4.6 所示。

· 043 ·

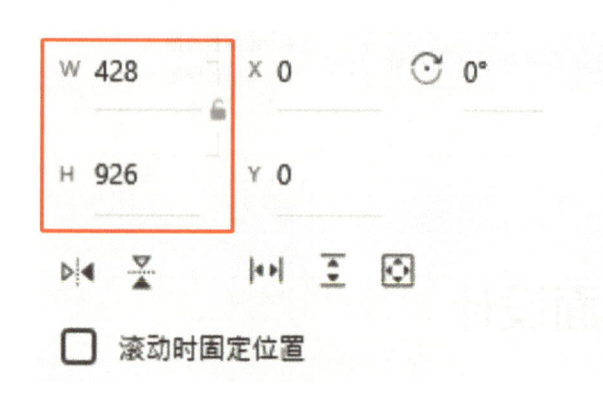

图 4.5　背景参数设置　　　　　　　　　图 4.6　背景效果

（4）打开素材。选择"文字.png"，设置宽度 W：253，高度 H：119，如图 4.7 所示。将其拖动至画板上，文字效果如图 4.8 所示。

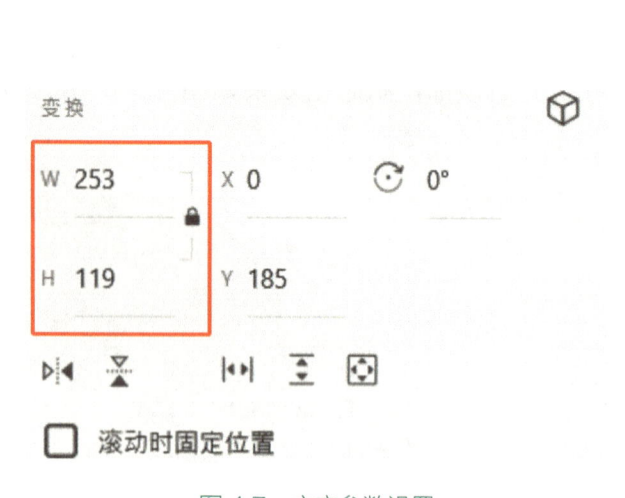

图 4.7　文字参数设置　　　　　　　　　图 4.8　文字效果

（5）绘制"立即体验"按钮。绘制一个矩形，设置宽度 W：389，高度 H：60，圆角：50，边界大小：5，取消填充，如图 4.9 所示。设置边界颜色：#FFFFFF，在矩形内输入"立即体验"文字，启动界面整体效果如图 4.10 所示。

图 4.9 "立即体验"按钮参数设置　　　　图 4.10 启动界面整体效果

任务 2　智慧健康登录界面设计

🎤 任务 2 说明

1. 登录界面中显示智慧健康图标、手机号、密码标题及相应输入框，输入框中显示提示文字。界面下方显示"注册"按钮及"已有账号，立即登录"文字按钮。

（1）绘制背景。打开素材，选择"登录-背景.png"，设置宽度 W：428，高度 H：474，如图 4.11 所示。登录背景放置效果如图 4.12 所示。

（2）打开素材，选择"logo.png"，设置宽度 W：138，高度 H：195，如图 4.13 所示。智慧健康图标放置效果如图 4.14 所示。

（3）绘制手机号标题、输入框及提示文字。输入文字"手机号"，绘制一个矩形，设置宽度 W：389，高度 H：46，如图 4.15 所示。手机号输入框填充颜色：#FFFFFF，边界颜色：#FFA41C，如图 4.16 所示。在矩形内输入提示文字，手机号输入框效果如图 4.17 所示。

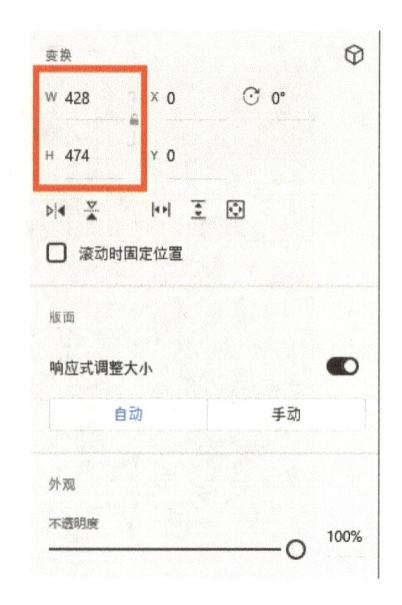

图 4.11　登录背景参数设置　　　　　　　图 4.12　登录背景放置效果

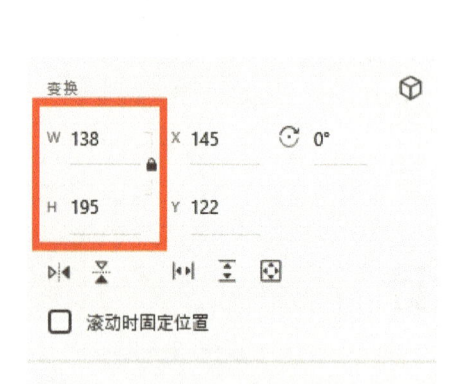

图 4.13　智慧健康图标参数设置　　　　　图 4.14　智慧健康图标放置效果

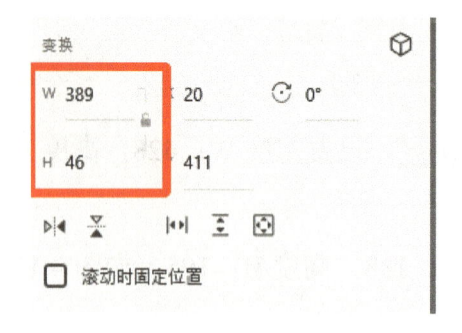

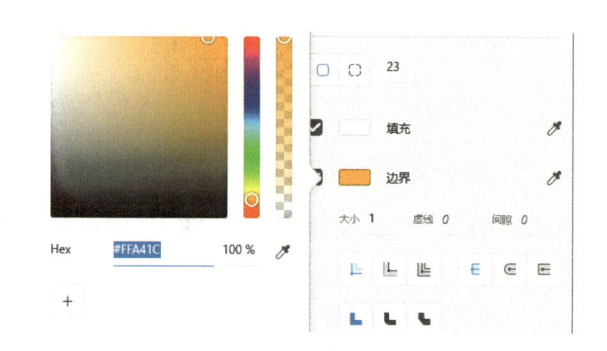

图 4.15　手机号输入框参数设置　　　　　图 4.16　手机号输入框颜色设置

（4）绘制密码标题、输入框以及提示文字。输入文字"密码"，绘制一个矩形，设置宽度 W：389，高度 H：46，如图 4.18 所示。密码输入框边界颜色：#FFA41C，如图 4.19 所示。在矩形内输入提示文字，密码输入框效果如图 4.20 所示。

图 4.17　手机号输入框效果

图 4.18　密码输入框参数设置

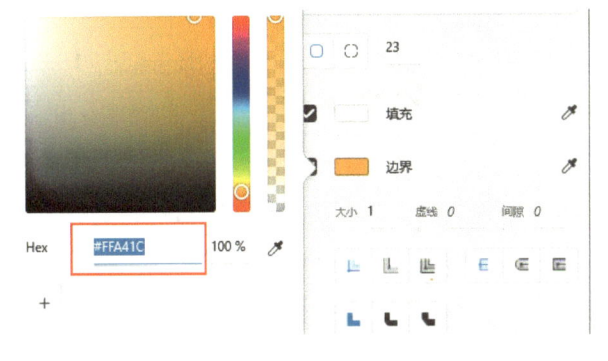

图 4.19　密码输入框颜色设置

图 4.20　密码输入框效果

2. 界面下方显示"注册"和"已有账号，立即登录"文字按钮。

（1）绘制一个矩形，设置宽度 W：389，高度 H：60，如图 4.21 所示。设置圆角：50，去掉边界，填充：线性渐变，颜色：#FD7B2B 到#FFBA60，如图 4.22 所示。

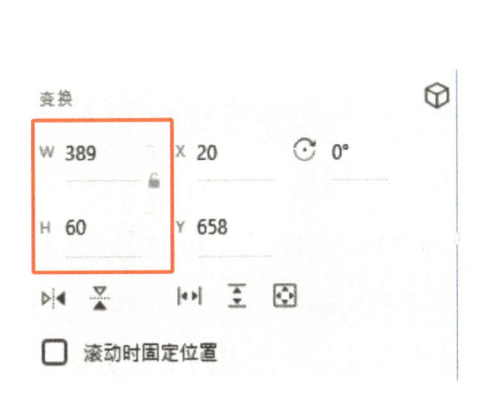

图 4.21　"注册"文字按钮参数设置

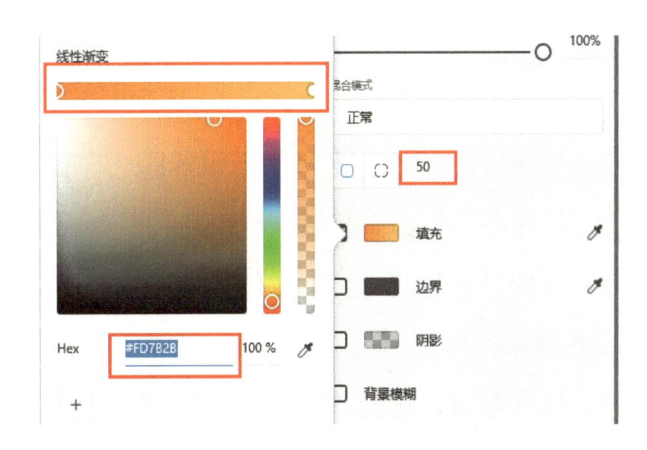

图 4.22　"注册"文字按钮颜色设置

（2）在"注册"按钮下方输入文字"已有账号，立即登录"，字体：微软雅黑，字号：15，粗细：Regular，勾选填充颜色，不透明度：50%，如图 4.23 所示。智慧健康登录界面效果，如图 4.24 所示。

图 4.23 文字参数设置　　　　图 4.24 智慧健康登录界面效果

任务 3　智慧健康预约记录界面设计

任务 3 说明

预约记录界面顶部显示预约记录标题栏和返回上一页按钮。预约记录列表信息包括订单状态、订单名称、机构位置、预约时间、服务评价信息。

（1）设置导航栏尺寸：428 像素×56 像素，文本内容为"预约记录"，导航栏标题效果如图 4.25 所示。

（2）打开素材，选择"返回.png"，置入标题栏左侧适当位置，作为返回上一页按钮，导航栏效果如图 4.26 所示。

图 4.25　导航栏标题效果

（3）在标题栏下方绘制一个矩形，设置宽度 W：389，高度 H：165，圆角：15，放置于界面上方，可根据内容对界面尺寸进行适当延长，内容卡片效果如图 4.27 所示。

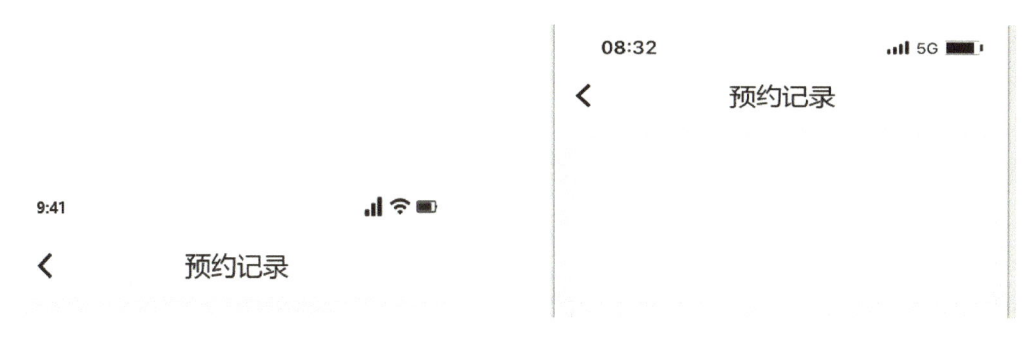

图 4.26　导航栏效果

图 4.27　内容卡片效果

（4）在卡片左上方绘制一个矩形状态框，设置宽度 W：88，高度 H：25，颜色：#07C160，如图 4.28 所示。设置不透明度：10%，圆角：50，如图 4.29 所示。

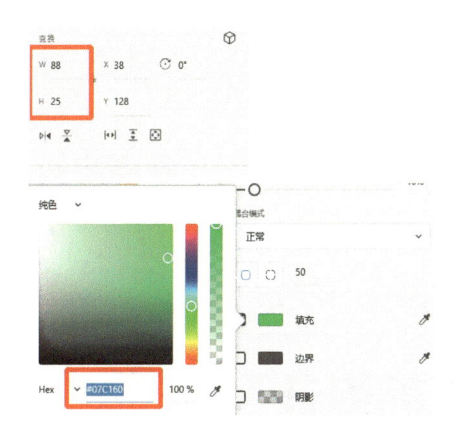

图 4.28　状态框参数设置

图 4.29　状态框不透明度和圆角参数设置

（5）打开素材，选择"已完成.png"，置于状态框左侧适当位置，在图片右侧输入状态文字"已完成"，颜色：#07C160，已完成状态效果如图 4.30 所示。

（6）在内容卡片中输入文字内容，包括服务内容、服务机构、服务评分及预约时间，预约记录文字内容如图 4.31 所示。

图 4.30　已完成状态效果

图 4.31　预约记录文字内容

(7)绘制其余 3 个预约记录，状态分别为待审核、待支付、已取消，置入图形，打开素材，分别置于相应位置，并输入文字，预约记录界面整体效果如图 4.32 所示。

图 4.32　预约记录界面整体效果

任务 4　智慧健康集中监测界面设计

🎤 任务 4 说明

1. 在界面上显示老年人入住率图。

（1）设置界面背景为线性渐变，颜色：#FD7B2B 到#EEEEEE，如图 4.33 所示。设置标题栏尺寸：428 像素×56 像素，在上方拖入状态栏，标题栏中输入文字"集中监测"，字号：25，打开素材，选择"返回.png"，置入标题栏左侧适当位置，作为返回上一页按钮，标题文字效果如图 4.34 所示。

（2）在标题栏下方内容区绘制一个尺寸为 389 像素×203 像素的矩形，输入文字"老年人入住时间"。绘制 3 个同心圆，圆形①尺寸：105 像素×105 像素；圆形②尺寸：90 像素×90 像素；圆形③尺寸：50 像素×50 像素。设置圆形①填充：线性渐变，颜色：#FF6C1E 到

#FFAB7E，如图 4.35 所示。

图 4.33　设置界面背景颜色参数

图 4.34　标题文字效果

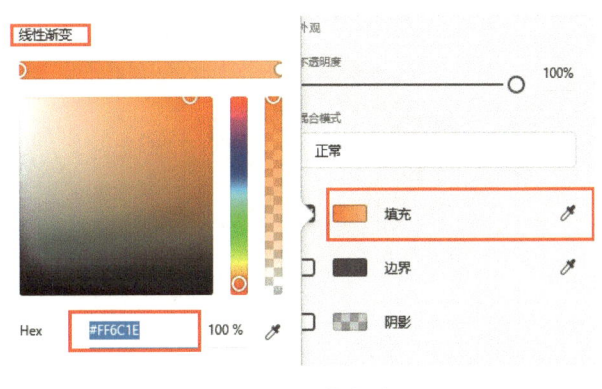

图 4.35　圆形①参数设置

（3）使用钢笔工具绘制出需要留下来的部分，选中绘制部分及圆圈，单击"交叉"按钮即可绘制出图形，环形设置（1）如图 4.36 所示。

图 4.36　环形设置（1）

（4）设置圆形②填充：线性渐变，颜色：#F9DD9A 到#FDB12D，如图 4.37 所示。使用钢笔工具绘制出需要去掉的部分，选中绘制部分及圆圈，单击"减去"按钮即可绘制出图形，环形设置（2）如图 4.38 所示。

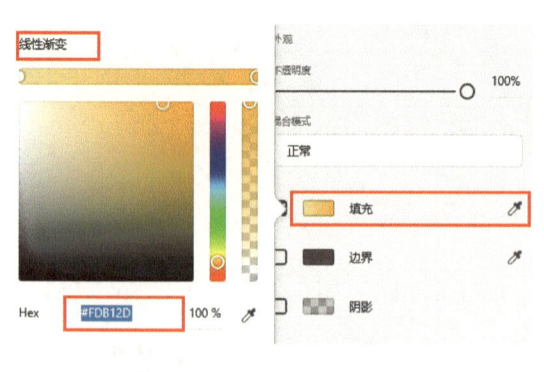

图 4.37　圆形②参数设置　　　　　　图 4.38　环形设置（2）

（5）将圆形③放置于顶层，即可完成环形设置。环形效果如图 4.39 所示。

图 4.39　环形效果

（6）绘制一个圆形④，颜色：#FF7025，右侧写入文字数据，复制一个相同的圆形⑤，颜色：#FAC969，更改文字信息。老年人入住率效果如图 4.40 所示。

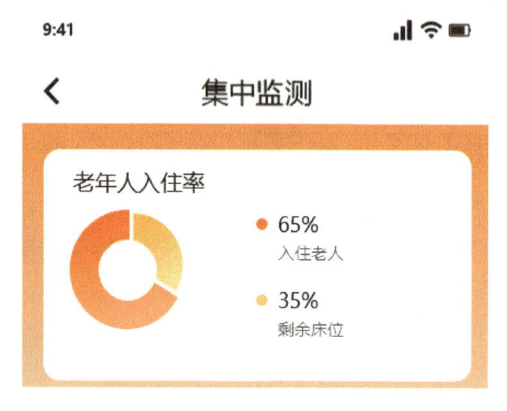

图 4.40　老年人入住率效果

2. 在界面上显示集中监测年龄分布表

（1）在老年人入住率下方内容区，绘制一个尺寸为 389 像素×203 像素的矩形，输入文字"年龄分布"。使用钢笔工具绘制出条线图形，边界颜色：#FD8E4A，填充：线性渐变，颜色：#F9DAC9（不透明度设置为50%）到#FFFFFF，如图4.41所示。

图4.41　图表颜色参数设置

（2）输入表示数据信息的文字，如"3%"，字号：13，将其置于折线图上方，折线图下方输入年龄信息，如"55岁以下"，字号：11，年龄分布效果如图4.42所示。

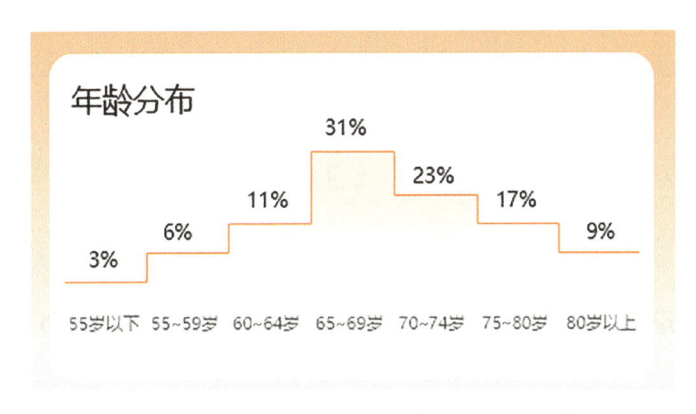

图4.42　年龄分布效果

3. 在界面上显示集中监测平均运动量图。

（1）在年龄分布图下方内容区绘制一个尺寸为389像素×203像素的矩形，输入文字"平均运动量"。绘制5个同心圆，圆形①尺寸：119像素×119像素；圆形②尺寸：109像素×109像素；圆形③尺寸：96像素×96像素；圆形④尺寸：88像素×88像素；圆形⑤尺寸：62像素×62像素。设置圆形①填充：线性渐变，颜色：#FF6C1E到#FFAB7E，如图4.43所示。

（2）使用钢笔工具绘制出需要留下来的部分，选中绘制部分及圆圈，单击"交叉"按钮即可绘制出图形，环形设置（1）如图4.44所示。

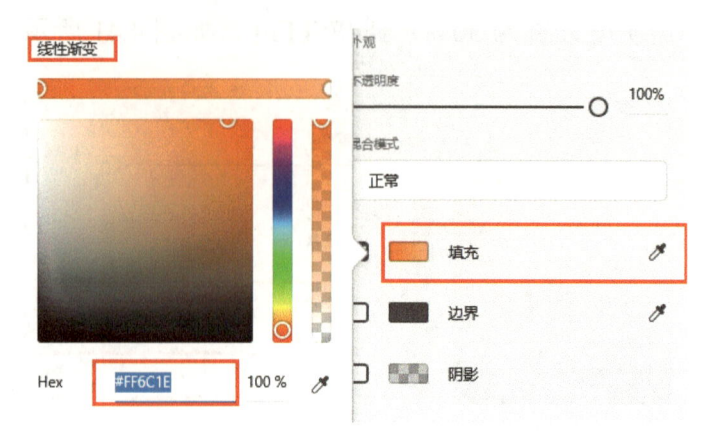

图 4.43　圆形①颜色参数设置

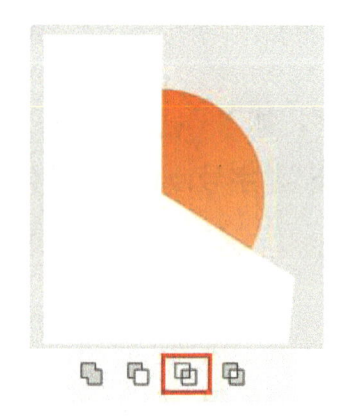

图 4.44　环形设置（1）

（3）设置圆形②填充：线性渐变，颜色：#F9DD9A 到#FDB12D，如图 4.45 所示。

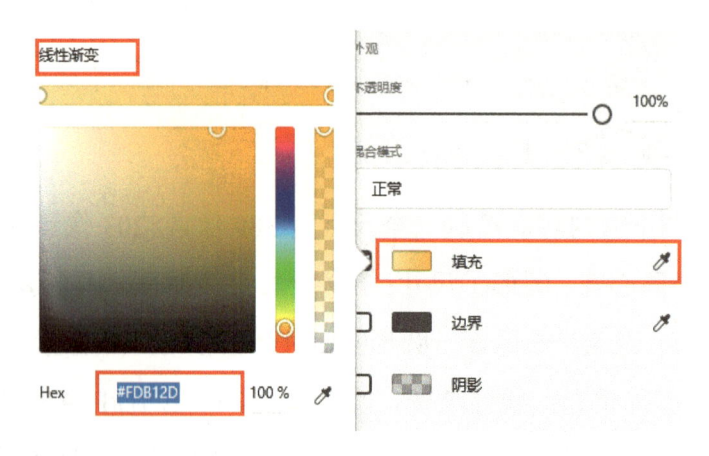

图 4.45　圆形②颜色参数设置

（4）使用钢笔工具绘制出需要去掉的部分，选中绘制部分及圆圈，单击"减去"按钮即可绘制出图形，环形设置（2）如图 4.46 所示。

图 4.46　环形设置（2）

（5）以同样的方式设置圆形③、④。将圆形⑤置于顶层，即可完成环形设置。环形效果如图 4.47 所示。

图 4.47　环形效果

（6）绘制一个圆形⑥，颜色：#FF7025，在右侧写入文字数据。复制三个相同的圆形⑦、⑧、⑨，颜色分别为#FAC969、#07C963、#2780FE，更改数据信息即可完成平均运动量的设置。平均运动量的效果如图 4.48 所示。

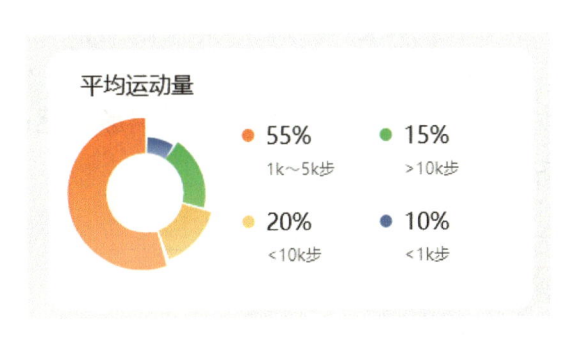

图 4.48　平均运动量的效果

4. 在界面上显示集中监测活动量。

（1）在平均运动量下方内容区绘制一个尺寸为 389 像素×203 像素的矩形，圆角：15，输入文字"活动量"，置于左上角适当位置，使用直线工具在矩形上方画出一条直线作为 x 轴，设置 x 轴直线①颜色：#707070，不透明度：20%，如图 4.49 所示。

图 4.49　x 轴直线颜色及不透明度设置

（2）再绘制 5 条直线，显示各个活动量的高低位置，设置直线边界颜色：#1676FE，如图 4.50 所示。

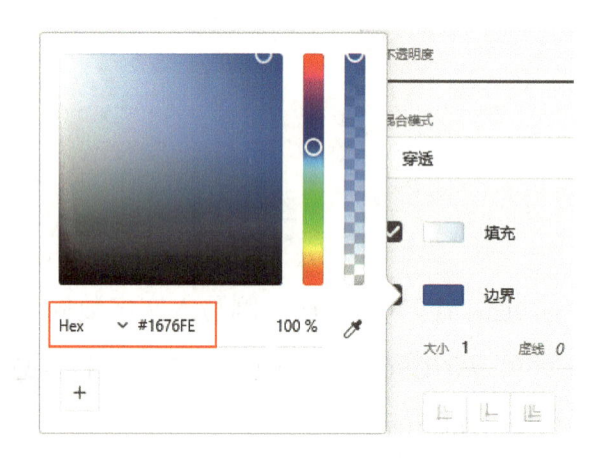

图 4.50　直线边界颜色设置

（3）在直线下方绘制一个矩形，取消矩形边框，设置矩形填充：线性渐变，颜色：#FFFFFF 到#CADEFB，如图 4.51 所示。

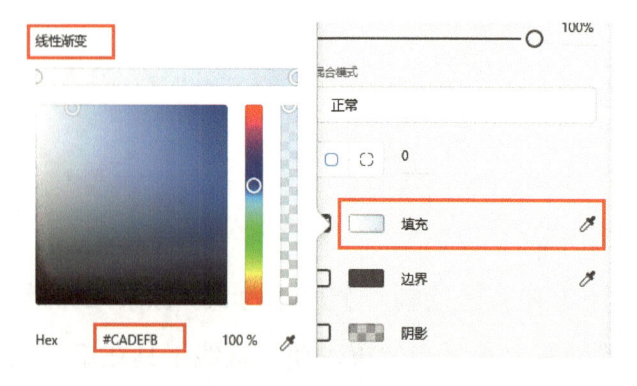

图 4.51　矩形颜色设置

(4)在直线①下方输入活动次数文字，字号：11，颜色：#000000，取消边界，不透明度：50%，集中监测柱形图效果如图4.52所示。

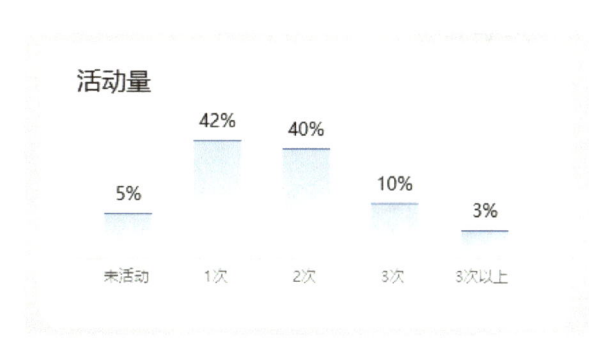

图4.52　集中监测柱形图效果

5. 在界面上显示集中监测服务好评率。

（1）在活动量下方内容区绘制一个尺寸为389像素×203像素的矩形，输入文字"服务好评率"。使用钢笔工具绘制出图形，边界大小：2，颜色：#FDF2C6，如图4.53所示。

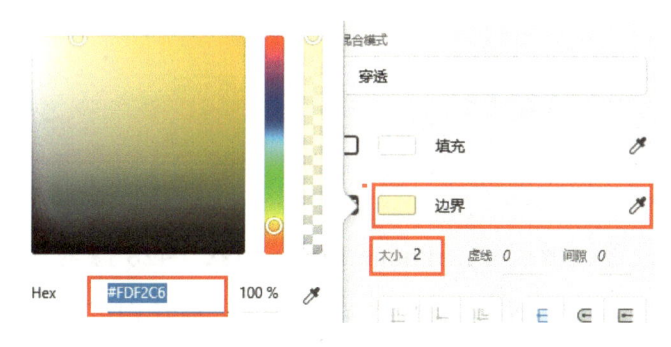

图4.53　图表颜色参数设置

（2）绘制一个矩形，取消边界，填充：线性渐变，颜色：#FBF0CA到#FFFFFF，如图4.54所示。

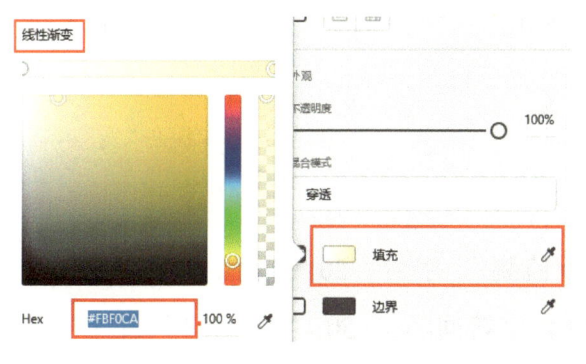

图4.54　矩形颜色参数设置

（3）输入表示数据信息的文字，如"0%"，字号：13，表格下方输入评价分数信息，如"<1 分",字号:11,服务好评率效果如图 4.55 所示。

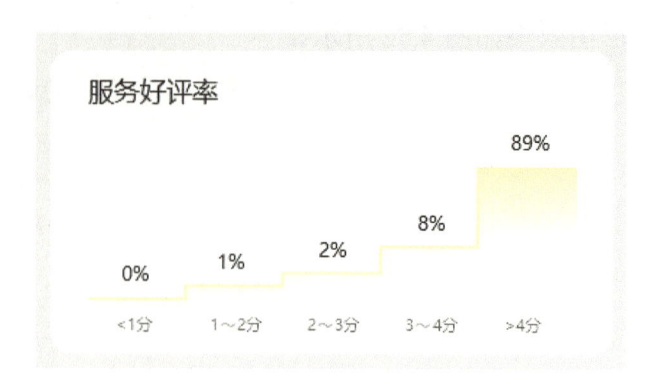

图 4.55　服务好评率

任务 5　智慧健康心率测试界面设计

🎤 任务 5 说明

1. 心率测试界面上半部分设置。

(1)新建画板。设置画板尺寸:iPhone 12 Pro Max(428 像素×926 像素)。

(2)设置界面背景为线性渐变,颜色:#FD7B2B 到#EEEEEE。设置标题栏尺寸:428 像素×100 像素,在上方拖入状态栏,在标题栏中输入文字"心率测试",标题字号:25,在素材库选择"返回.png",置于标题栏左侧适当位置,作为返回上一页按钮,标题栏效果如图 4.56 所示。

图 4.56　标题栏效果

(3)输入文字"当前监测",字号:20,颜色:#FFFFFF;在下方输入文字"79",字号:40,颜色:#FFFFFF,字符间距:-50;"次/分钟"的字号:20,颜色:#FFFFFF,在心率右侧显示状态是否正常。绘制一个矩形,设置宽度 W:91,高度 H:31,边界颜色:#F5691F,大小:1,圆角:50,选择"笑脸.Png",设置宽度 W:23,高度 H:23,置于适当位置，在右侧输入文字"正常"，字号：18，颜色：#07C160，心率测试界面上半部分效果如图 4.57 所示。

图 4.57　心率测试界面上半部分效果

2. 心率趋势设置。

（1）绘制一个矩形，设置宽度 W：389，高度 H：389，在界面上方右上角添加文字"心率趋势"，字号：18，颜色：#000000，在右侧输入"（单位：bmp）"，字号：13，颜色：#000000，不透明度：50%，标题文字效果如图 4.58 所示。

（2）设置心率数值，如"50"，行距：18，字符间距：-10，颜色：#000000，不透明度：50%，如图 4.59 所示。

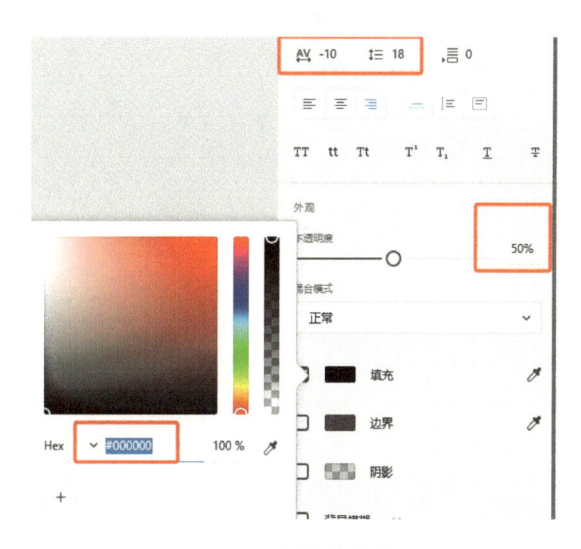

图 4.58　标题文字效果　　　　图 4.59　心率数值参数设置

（3）在文字右侧绘制一条直线，边界大小：2，颜色：#707070，不透明度：10%，如图 4.60 所示。选中数字以及直线，使用重复网格拖出另外 5 条数据信息，更改前面的心跳数值，纵轴和标线效果如图 4.61 所示。

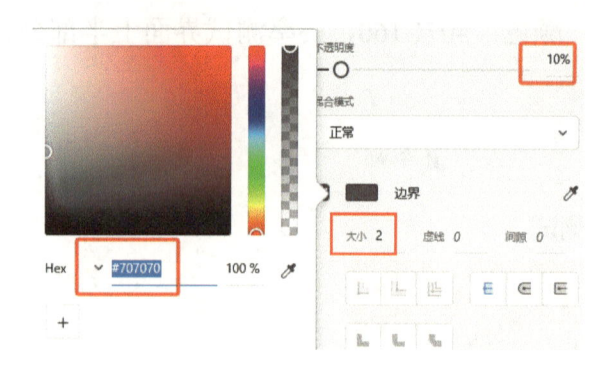

图 4.60 轴线参数设置

图 4.61 纵轴和标线效果

（4）在直线下方绘制日期栏，输入文字 1/12 等，字号：15，颜色：#000000，不透明度：50%，在界面横线中使用钢笔工具绘制一条曲线，边界大小：10，颜色：#FB8647，添加阴影 Y：24，X：25，阴影颜色：#FF8648，横轴效果如图 4.62 所示。

（5）绘制一个矩形，设置宽度 W：30，高度 H：222，取消边界，填充：线性渐变，颜色：#FC7F3C（不透明度为24%）到#FFFFFF（不透明度为20%），置于2/11的日期上方。绘制一个圆形，设置宽度 W：18，高度 H：18，填充颜色：#FF6A1C，边界大小：3，颜色：#FFFFFF，数值效果如图 4.63 所示。

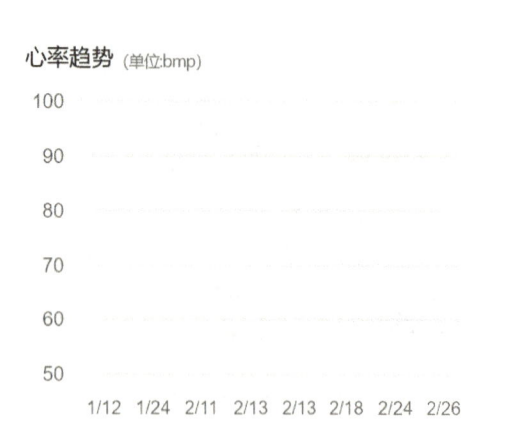

图 4.62 横轴效果

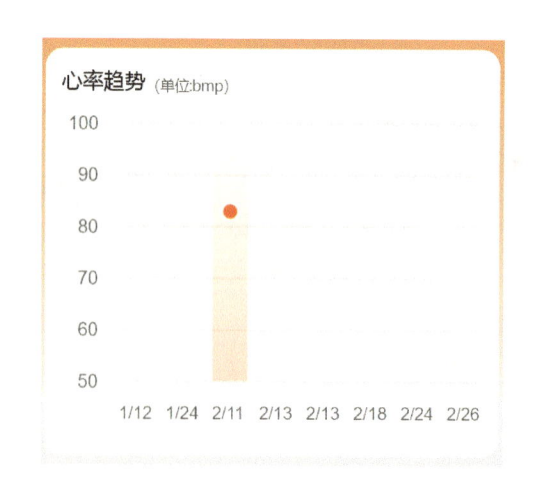

图 4.63 数值效果

（6）在圆圈上方设置标签，绘制一个矩形，设置宽度 W：42，高度 H：35，绘制一个三角形，置于相应位置，选中两个图形，单击"合并"按钮。标签设置如图 4.64 所示。设置图形阴影位置 X：6，Y：3，在标签上方添加文字信息"84"，字号：15，颜色：#000000，设置粗体，标签数据效果如图 4.65 所示。

图 4.64　标签设置

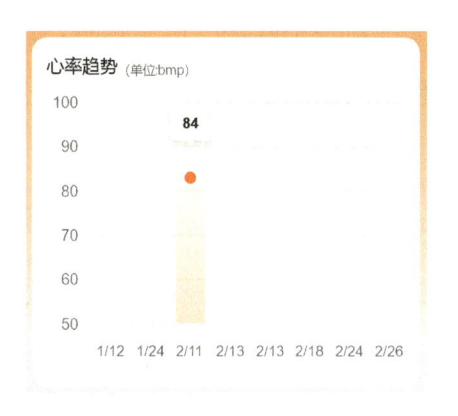

图 4.65　标签数据效果

（7）用钢笔工具绘制一条曲线，设置边界颜色：#FB8647，大小：10，心率趋势效果如图 4.66 所示。

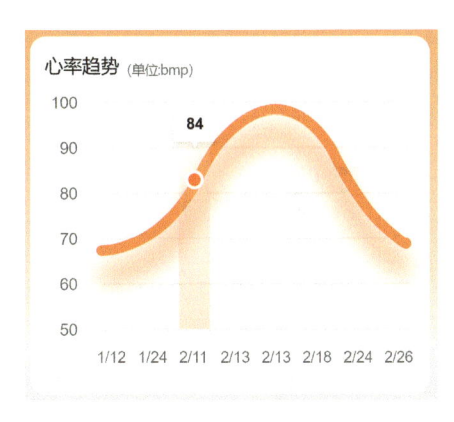

图 4.66　心率趋势效果

3. 心率记录设置。

（1）绘制一个矩形，设置宽度 W：389，高度 H：339，在界面上方右上角添加文字"心率趋势"，字号：18，颜色：#000000，下方输入文字"10/24""2022"，字号分别为 15、11，颜色：#000000，文字"2022"不透明度：50%。心率记录效果如图 4.67 所示。

图 4.67　心率记录效果

· 061 ·

（2）绘制一个圆形，设置直径：13，边界大小：3，颜色：#F9CFBA。向下画一条直线，设置颜色：#707070，不透明度：20%，边界大小：2，直线参数设置如图 4.68 所示。

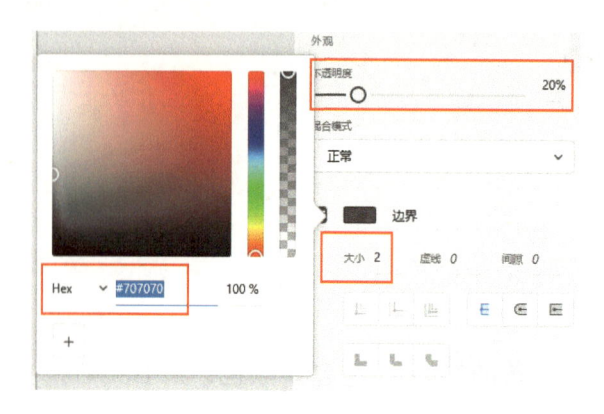

图 4.68　直线参数设置

（3）在右侧输入文字信息，数字字号：18，颜色：#000000，文字字号：13，颜色：#000000，心率文字效果如图 4.69 所示。

79次/分钟

图 4.69　心率文字效果

（4）在右侧绘制一个矩形，设置宽度 W：55，高度 H：25。再设置圆角：13，不透明度：10%，填充颜色：#07C160，如图 4.70 所示。在上方设置文字，如"正常"，颜色：#07C160。

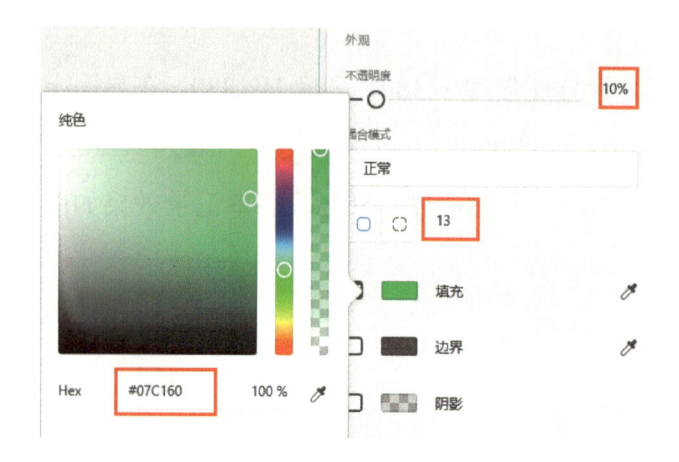

图 4.70　矩形参数设置

（5）选中全部信息，利用重复网格拖出剩余 3 条数据信息，更改数据信息后即可完成界面设置，心率记录效果如图 4.71 所示。

图 4.71 心率记录效果

考核评价

请对本次学习任务的知识和技能进行梳理与汇总，填写表 4.1。

表 4.1 项目 4 评价考核表

考核项目		分值
软件操作	设计软件合理、规范	
	对移动界面的设计规范有一定的了解，并能运用到制作中	
知识掌握	图表效果的实现	
	图形渐变效果的实现	

项目习题

1. 如何实现图形渐变效果？
2. 如何实现多个图形交叉、减去等效果？
3. 请为某养老机构管理软件设计首页、老人列表界面和老人健康监测详情界面。

项目 5 数字社区

项目描述

数字社区是社区管理的新形态。数字社区集成应用物联网、云计算、移动互联网等新一代信息技术为社区居民提供安全舒适的智慧化生活环境，形成基于信息化、智能化的社区管理与服务体系。

以"智慧小区提升社区品质"为社区管理的目标，引入智慧平台能够有效推动经济流动，促进现代服务业发展。数字社区系统的建设能够解决社区物业管理机制中即时响应的问题，推广周边商业服务，满足社区物业通知、友邻社交等居民生活需求。

项目设计

本项目共 4 个任务，每个任务对应不同的界面及设计元素和需求，在进行数字社区项目界面设计之前，需要先确定应用的整体风格，因为这会影响用户对应用的印象和评价，然后通过对布局、颜色、大小、位置等的设置，建立不同层次的信息结构，将重要信息或功能置于显著位置。本项目涉及库的使用，合理地使用库可以减少重复设置。在设计过程中，要综合考虑用户的使用场景、习惯和反馈机制等多方面因素，从而完成设计。

项目目标

1. 知识与技能

（1）熟悉数字社区项目界面设计的实施流程。
（2）掌握 Adobe XD 库和重复网格的使用方法。

2. 过程与方法

（1）通过制作思维导图，了解本项目实施的完整流程。
（2）通过本项目的完整实现，掌握相应的知识技能。

3. 情感态度与价值观

通过对数字社区项目界面的整体设计与模型制作，提升分析问题、解决问题的能力，培养严谨的工作态度，提升举一反三的能力。

知识准备

- ☑ 掌握原型界面交互动作的设置及使用方法。
- ☑ 掌握图形尺寸、阴影等特效的参数设置方法。
- ☑ 掌握 Adobe XD 库的使用方法。
- ☑ 掌握重复网格的使用方法。

项目实施

数字社区项目实施流程如图 5.1 所示。

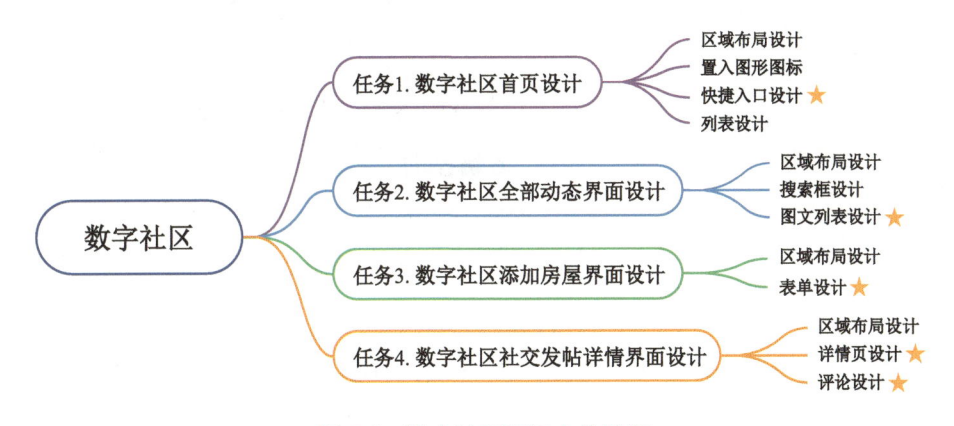

数字社区
- 任务1. 数字社区首页设计
  - 区域布局设计
  - 置入图形图标
  - 快捷入口设计 ★
  - 列表设计
- 任务2. 数字社区全部动态界面设计
  - 区域布局设计
  - 搜索框设计
  - 图文列表设计 ★
- 任务3. 数字社区添加房屋界面设计
  - 区域布局设计
  - 表单设计 ★
- 任务4. 数字社区社交发帖详情界面设计
  - 区域布局设计
  - 详情页设计 ★
  - 评论设计 ★

图 5.1 数字社区项目实施流程

任务 1　数字社区首页设计

🎙 任务 1 说明

1. 显示首页上方宣传图片。

（1）新建画板。设置画板尺寸：iPhone 12 Pro Max（428 像素×926 像素），如图 5.2 所示。

（2）打开素材，选择"状态栏.png"，置于界面顶部，状态栏效果图如图 5.3 所示。状态栏参数设置为宽度 W：428，高度 H：44，如图 5.4 所示。

图 5.2　画板尺寸设置　　　图 5.3　状态栏效果图　　　图 5.4　状态栏参数设置

（3）绘制矩形，置于状态栏下方，设置宽度 W：428，高度 H：205，勾选"滚动时固定位置"复选框，如图 5.5 所示。设置矩形填充：线性渐变，颜色：#3476FE，如图 5.6 所示。

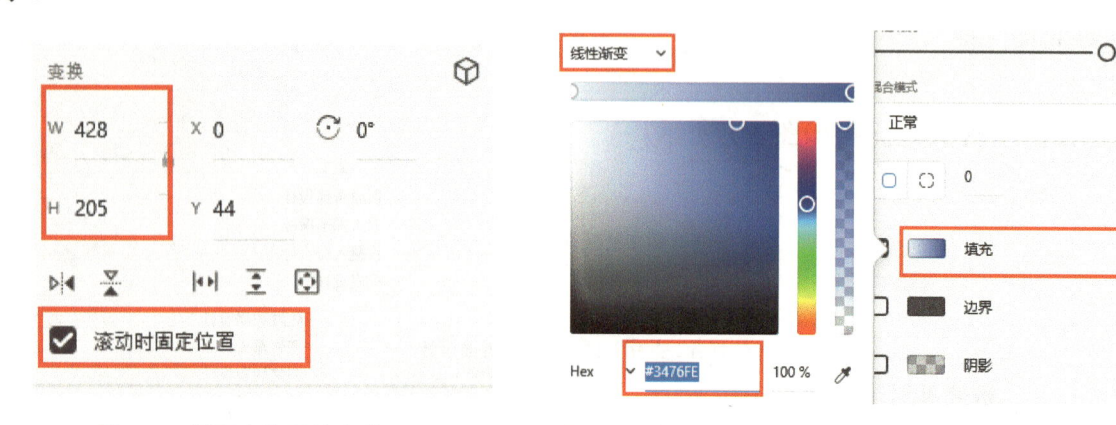

图 5.5　首页宣传图片参数设置　　　图 5.6　宣传图片背景颜色参数设置

（4）绘制圆形①，设置宽度 W：105，高度 H：105，位置 X：-33，Y：51，填充颜色：#FFFFFF，不透明度：40%，如图 5.7 所示。绘制圆形②，设置宽度 W：65，高度 H：65，位置 X：-30，Y：109，填充颜色：#FFFFFF，不透明度：25%，如图 5.8 所示。

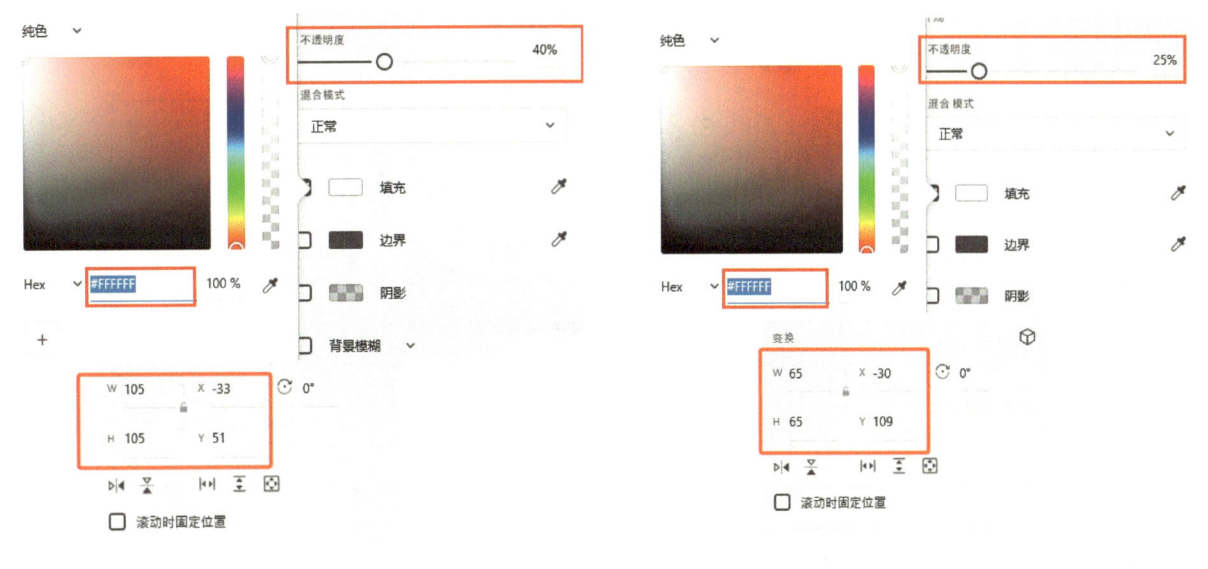

图 5.7　圆形①参数设置　　　　　　　　　图 5.8　圆形②参数设置

（5）输入主标题文字"数字社区已开通服务"，字体：微软雅黑，字号：20，粗细：Bold，字间距：60，行间距：26，如图 5.9 所示。输入副标题文字"智慧便捷 安全放心 生活更舒适"，字体：微软雅黑，字号：14，行间距：19，不透明度：50%，如图 5.10 所示。

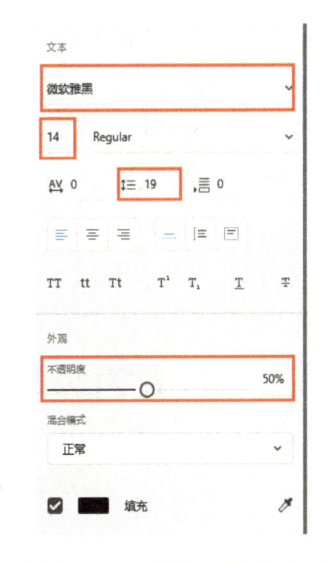

图 5.9　主标题文字参数设置　　　　　　　图 5.10　副标题文字参数设置

（6）绘制一个矩形按钮，设置宽度 W：140，高度 H：32，圆角：30，如图 5.11 所示。矩形填充颜色：#3476FE，如图 5.12 所示。添加边界，大小：1，颜色：#FFFFFF。添加"立即体验"按钮阴影，位置 X：0，Y：3，B：10，颜色：#7780FF，如图 5.13 所示。"立即

体验"按钮效果如图 5.14 所示。

图 5.11　首页宣传图片按钮参数设置

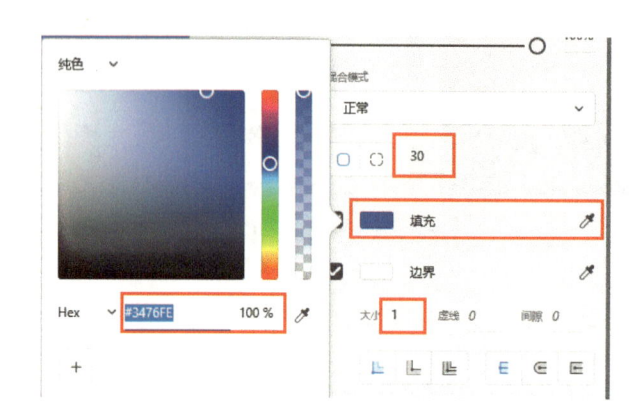

图 5.12　宣传图片按钮背景颜色参数设置

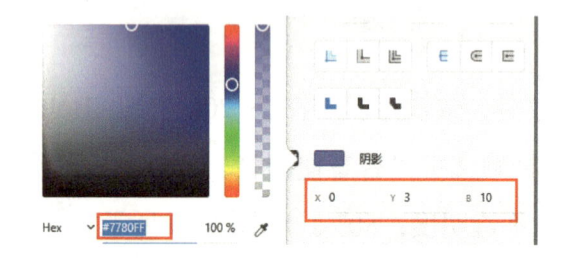

图 5.13　"立即体验"按钮阴影参数设置

图 5.14　"立即体验"按钮效果

（7）打开素材包，选择"城市素材.png"，设置宽度 W：152，高度 H：152，置于适当位置，宣传图片效果如图 5.15 所示。

图 5.15　宣传图片效果

2. 显示首页快捷入口按钮。

（1）绘制一个矩形，设置宽度 W：398，高度 H：204，圆角：10，如图 5.16 所示。设置背景阴影位置 X：0，Y：3，Z：10，如图 5.17 所示。

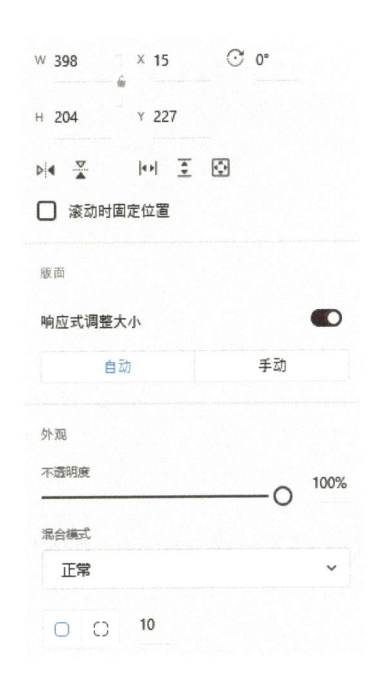

图 5.16　快捷入口背景参数设置

图 5.17　背景阴影设置

（2）选择素材"图标—开门.png"，置于适当位置，在图标下方输入对应导航按钮文字，导航按钮文字参数设置如图 5.18 所示。快捷入口按钮效果如图 5.19 所示。

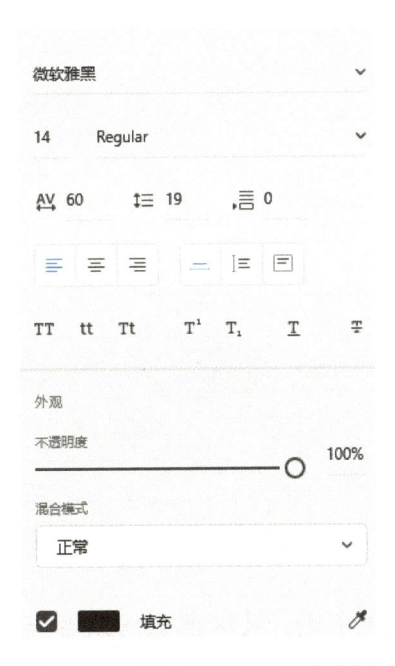

图 5.18　导航按钮文字参数设置

图 5.19　快捷入口按钮效果

3. 设置首页社区动态列表。

（1）绘制一个矩形，设置宽度 W：73，高度 H：10，圆角：10，矩形颜色：#7780FF，不透明度：50%，"社区动态"背景参数设置如图 5.20 所示。

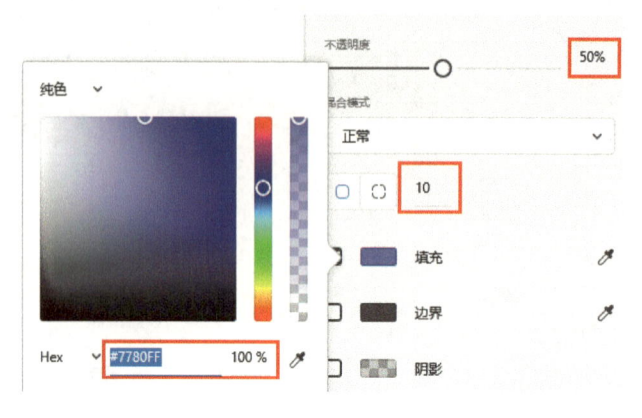

图 5.20　"社区动态"背景参数设置

（2）在矩形上方左侧输入文字"社区动态"，字体：微软雅黑，字号：18，粗细：Regular，行间距：24，如图 5.21 所示。

（3）在矩形上方右侧输入文字"查看更多 >>"，字体：微软雅黑，字号：14，粗细：Regular，行间距：19，如图 5.22 所示。

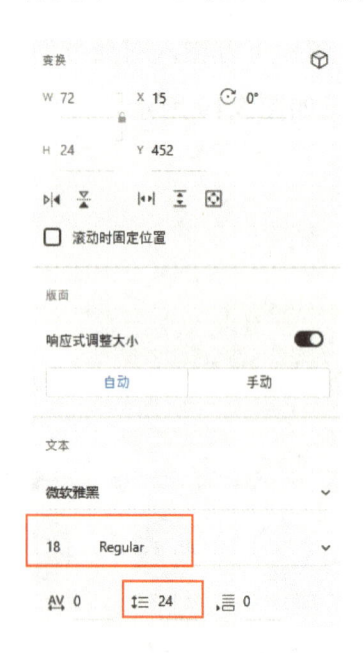

图 5.21　"社区动态"文字参数设置 　　　　图 5.22　"查看更多>>"文字参数设置

（4）输入新闻标题"社区举办首届环保节，倡导绿色生活，社区群众纷纷参与"，字体：微软雅黑，字号：16，粗细：Bold，行间距：21，如图 5.23 所示。

（5）在标题下方显示新闻内容，多出的内容详情用"……"代替，字体：微软雅黑，字号：14，粗细：Light，行间距：19，如图 5.24 所示。

图 5.23 社区动态新闻标题参数设置 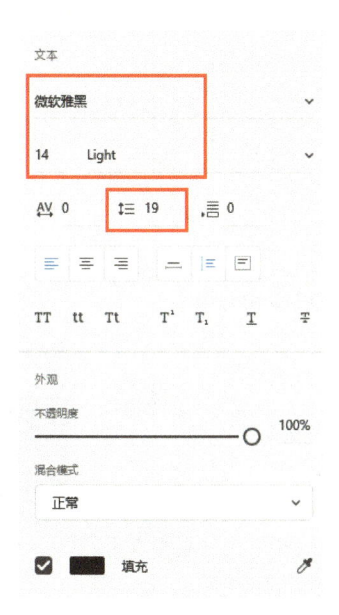　　　　图 5.24 社区动态新闻详情参数设置

（6）输入新闻发布时间信息，字体：微软雅黑，字号：14，粗细：Light，行间距：19，如图 5.25 所示。

（7）选中图片、标题、简写内容、时间，将其进行编组，如图 5.26 所示。利用重复网格向下拖出 3 个新闻，间距：15，如图 5.27 所示。

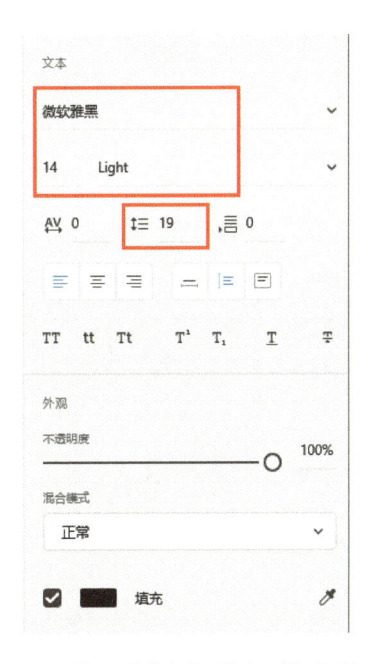

图 5.25 社区动态新闻发布时间参数设置 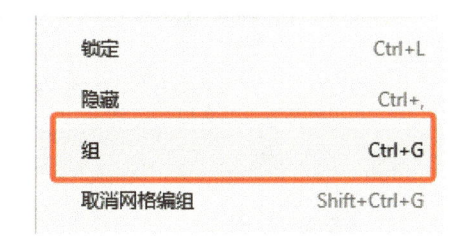　　　　图 5.26 编组设置

（8）对内容进行修改，社区动态效果如图 5.28 所示。

图 5.27　重复网格间距设置　　　　　　图 5.28　社区动态效果

4. 设置首页底部导航栏。

（1）在首页底部绘制一个矩形，设置宽度 W：428，高度 H：28，背景颜色：#F5F5F5。

（2）打开素材，选择"底部菜单—首页.png"，在界面下方输入文字"首页"，设置宽度 W：28，高度 H：18，字体：微软雅黑，字号：14，粗细：Light，行间距：19，如图 5.29 所示。填充颜色：#3476FE，如图 5.30 所示。

图 5.29　底部导航栏文字参数设置

（3）放置其余图标和文字，分别打开素材"底部菜单—友邻社区.png""底部菜单—社区服务.png""底部菜单—个人中心.png"，置于合适位置，并在图标下方插入对应文字，字体：微软雅黑，字号：14，粗细：Light，行间距：19，填充颜色：#333333，如图 5.31 所示。

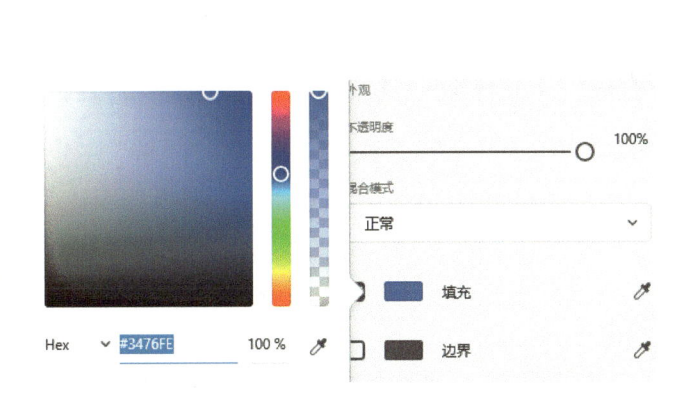

图 5.30　底部导航栏文字颜色参数设置

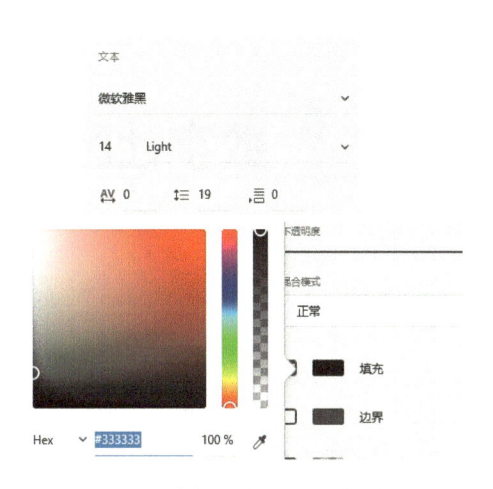

图 5.31　底部导航栏文字参数设置

（4）数字社区首页整体效果如图 5.32 所示。

图 5.32　数字社区首页整体效果

任务 2　数字社区全部动态界面设计

任务 2 说明

显示状态栏、导航栏、搜索框及搜索按钮。

（1）打开素材，选择"状态栏.png"，置于界面顶部，状态栏效果如图 5.33 所示。设置宽度 W：428，高度 H：44，如图 5.34 所示。

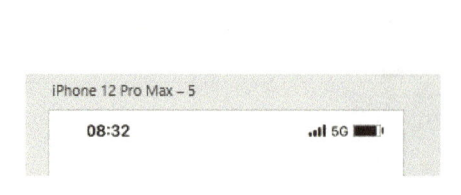

图 5.33　状态栏效果

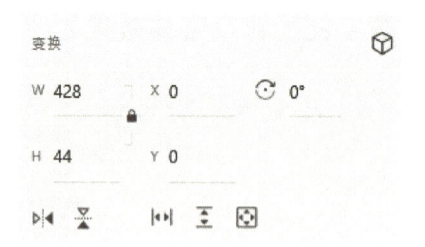

图 5.34　状态栏参数设置

（2）绘制一个矩形，设置宽度 W：428，高度 H：58，填充颜色：#3476FE，并添加至库颜色，如图 5.35 所示。

图 5.35　矩形背景设置及库颜色

(3）打开素材包，选择"返回.png"，拖动至左上角相应位置，添加文字"全部动态"，字体：微软雅黑，字号：20，粗细：Regular，行间距：26，将其置于矩形中部，导航栏效果如图 5.36 所示。

图 5.36　导航栏效果

(4）绘制搜索框。绘制一个矩形，设置宽度 W：428，高度 H：58，填充颜色：#3476FE，如图 5.37 所示。

(5）在矩形上方再绘制一个矩形，设置宽度 W：399，高度 H：40，圆角：20，选择填充，如图 5.38 所示。

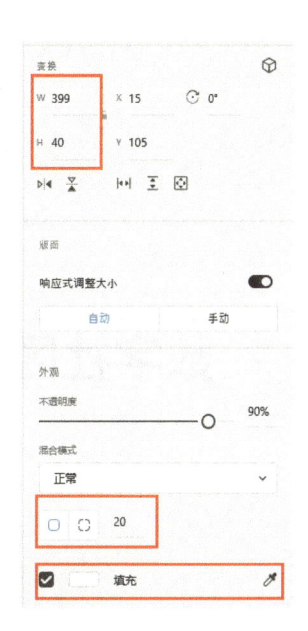

图 5.37　矩形背景设置　　　　图 5.38　搜索框参数设置

(6）打开素材，选择"搜索.png"，将其置于左侧适当位置，在搜索图标右侧输入文字"社区养老建设"，字体：微软雅黑，字号：16，粗细：Regular，行间距：21，搜索框效果如图 5.39 所示。

图 5.39　搜索框效果

（7）按照首页中的社区动态列表内容设计步骤，实现列表内容。全部动态界面整体效果如图 5.40 所示。

图 5.40　全部动态界面整体效果

任务 3　数字社区添加房屋界面设计

🎙 任务 3 说明

1. 该界面显示自动识别系统，填写小区信息是否设置为默认房屋，以及填写住户信息，设置身份证正反面图片上传等功能。

（1）设置导航栏尺寸：428 像素×44 像素，绘制一个矩形，设置宽度 W：428，高度 H：58，颜色：#3476FE，导航栏下方文本内容为"添加房屋"，从素材库中选择"返回.png"，将其置于标题栏左侧适当位置，作为返回上一页按钮，导航栏效果如图 5.41 所示。

图 5.41　导航栏效果

(2) 自动识别框绘制。绘制一个矩形框，设置宽度 W：398，高度 H：163，填充颜色：#3476FE，圆角：10，将其置于底部。在矩形上方输入文字"示例：张某某，137****9999 浙江省宁波市江北区某小区"，字体：微软雅黑，字号：12，粗细：Regular，行间距：16。绘制一个矩形，放置于上一个矩形上方，设置宽度 W：398，高度 H：149，圆角：10，填充颜色：#FFFFFF，添加阴影，设置阴影位置 X：0，Y：3，B：10，颜色：#000000，不透明度：16%，自动识别框效果如图 5.42 所示。

图 5.42　自动识别框效果

(3) 添加提示文字"请粘贴或者输入文本，点击自动识别小区、楼宇、单元、房间号等信息"，字体：微软雅黑，字号：14，粗细：Regular，行间距：19，填充颜色：#C1C1C1，提示文字参数设置如图 5.43 所示。

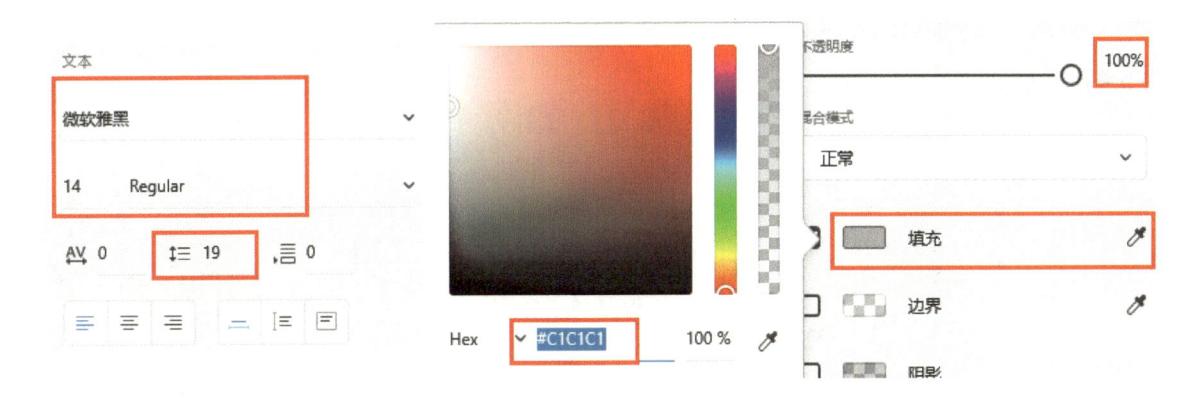

图 5.43　提示文字参数设置

(4) 绘制一个矩形，置于右下方，设置宽度 W：78，高度 H：24，圆角：50，填充颜色：#3476FE，边界颜色：#FFFFFF，大小：1，设置阴影颜色：#3476FE，位置 X：0，Y：3，B：10，"自动识别"按钮参数设置如图 5.44 所示。

(5) 自动识别框面板效果如图 5.45 所示。

图 5.44 "自动识别"按钮参数设置 　　　　图 5.45 自动识别框面板效果

（6）绘制输入表单。绘制一个矩形，设置宽度 W：398，高度 H：353，圆角：10，设置阴影位置 X：0，Y：3，B：10，阴影颜色：#000000，不透明度：16%，选择房屋信息背景参数设置如图 5.46 所示。

（7）绘制一个矩形，宽度 W：10，高度 H：32，圆角：0、5、5、0，填充颜色：#3476FE，如图 5.47 所示。

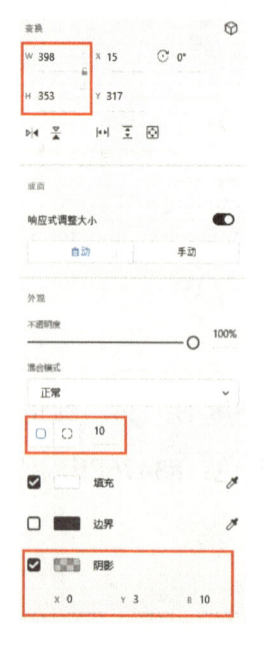

图 5.46 选择房屋信息背景参数设置 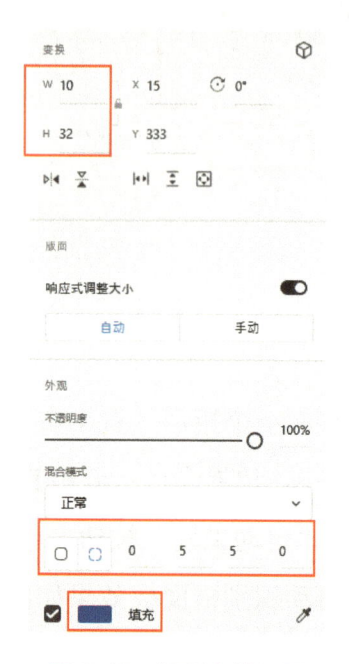　　　　图 5.47 矩形参数设置

（8）将矩形置于左侧适当位置。选择房屋信息效果如图5.48所示。

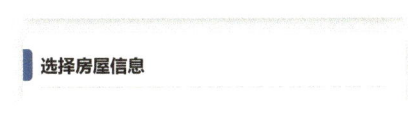

图5.48　选择房屋信息效果

（9）绘制一条直线，设置宽度W：364，高度H：0，不透明度：15%，边界颜色：#000000，大小：1，如图5.49所示。

图5.49　直线参数设置

（10）在矩形右侧输入文字"选择房屋信息"，字体：微软雅黑，字号：18，粗细：Bold，行间距：24，如图5.50所示。

（11）选择房屋信息表单效果如图5.51所示。

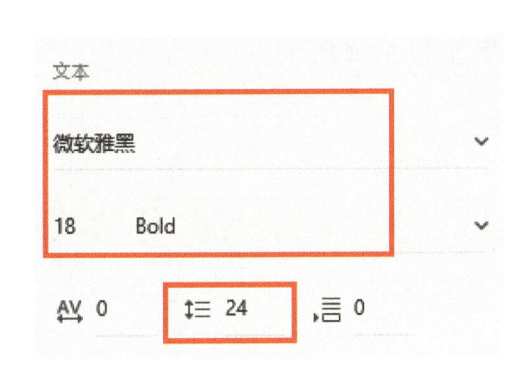

图5.50　选择房屋文字参数设置

图5.51　选择房屋信息表单效果

· 079 ·

（12）在直线下方输入"*"，字体：微软雅黑，字号：16，粗细：Regular，行间距：21，填充颜色：#FF0000，如图 5.52 所示。

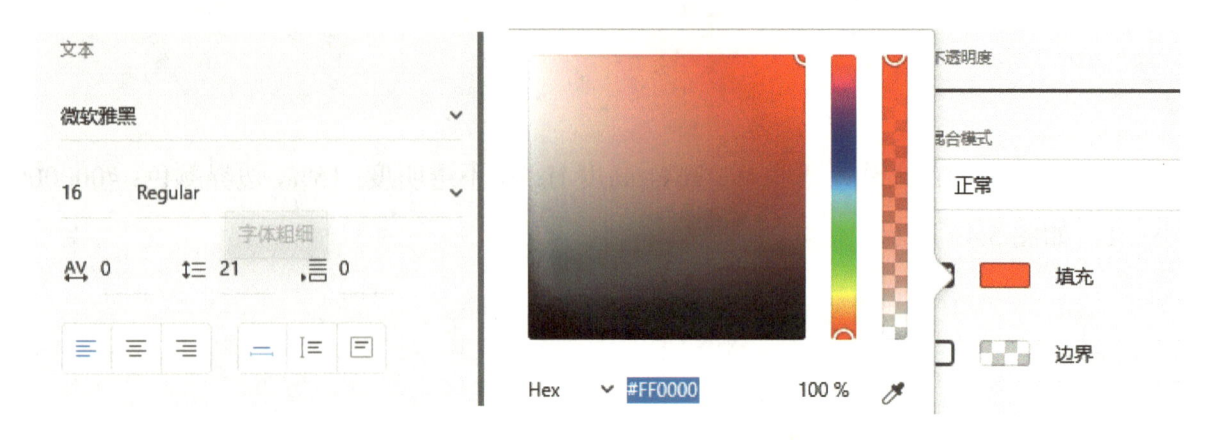

图 5.52　"*"文字参数设置

（13）在右侧输入房屋信息相关文字，如"小区"，字体：微软雅黑，字号：16，粗细：Regular，行间距：21，填充颜色：#333333。在矩形右侧输入文字"请选择"，字体：微软雅黑，字号：16，粗细：Regular，填充颜色：#999999，如图 5.53 所示。

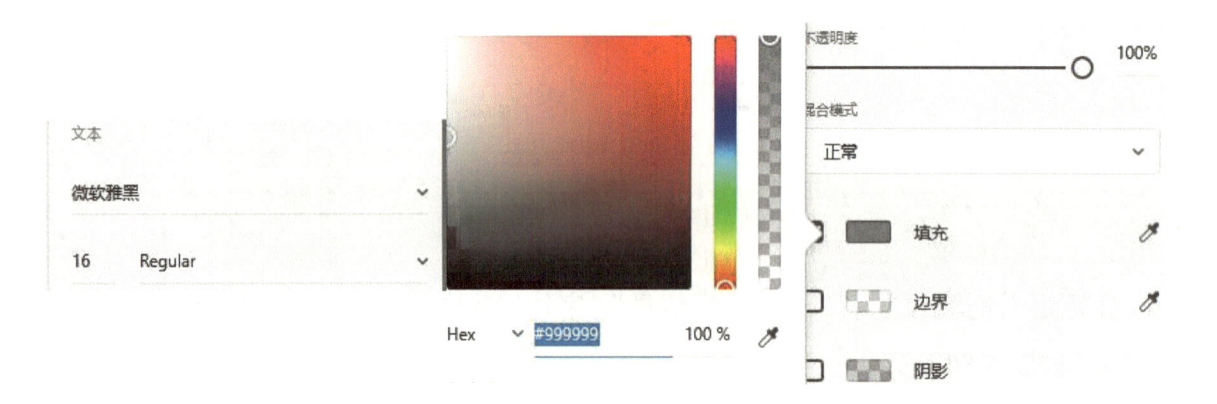

图 5.53　"请选择"字样参数设置

（14）绘制两条直线，放置">"符号，箭头效果如图 5.54 所示。

图 5.54　箭头效果

（15）选中全部信息，使用重复网格拖动，更改文字信息即可。在底部添加一个将房屋信息设置为默认的选项，包括"设为默认"文字信息及"是""否"选项，选择房屋信息效果如图 5.55 所示。

图 5.55　选择房屋信息效果

（16）按照选择房屋信息的设计步骤，完成住户信息设计。住户信息效果如图 5.56 所示。

图 5.56　住户信息效果

2．"提交审核"按钮。

（1）在界面底部绘制一个矩形，设置宽度 W：428，高度 H：58，颜色：#3476FE，如图 5.57 所示。

图 5.57　矩形参数设置

（2）在矩形上方输入文字"提交审核"，字体：Segoe UI，字号：16，添加房屋界面整体效果如图 5.58 所示。

图 5.58　添加房屋界面整体效果

任务 4　数字社区社交发帖详情界面设计

🎙 任务 4 说明

1. 发帖详情界面上方显示状态栏和标题栏。

设置状态栏尺寸：428 像素×44 像素，绘制一个矩形，设置宽度 W：428，高度 H：58，颜色：#3476FE，状态栏下方文本内容为"发帖详情"，从素材库中选择"返回.png"，置于标题栏左侧适当位置，作为返回上一页按钮，状态栏和标题栏效果如图 5.59 所示。

图 5.59　状态栏和标题栏效果

2. 界面中部显示帖子详情信息，包括帖子标题、浏览量、发布时间、发布人及帖子详情。

（1）在界面中部添加标题，如"社区首届环保节成功举办，倡导绿色生活，社区群众热情参与"，设置宽度 W：398，高度 H：48，字体：微软雅黑，字号：18，粗细：Bold，行间距：24，如图 5.60 所示。

（2）绘制浏览量图标。先绘制一个椭圆形，设置宽度 W：19，高度 H：11，设置填充和边界颜色，然后在椭圆形中部绘制一个圆形，设置宽度 W：5，高度 H：5，设置填充和边界颜色，如图 5.61 所示。

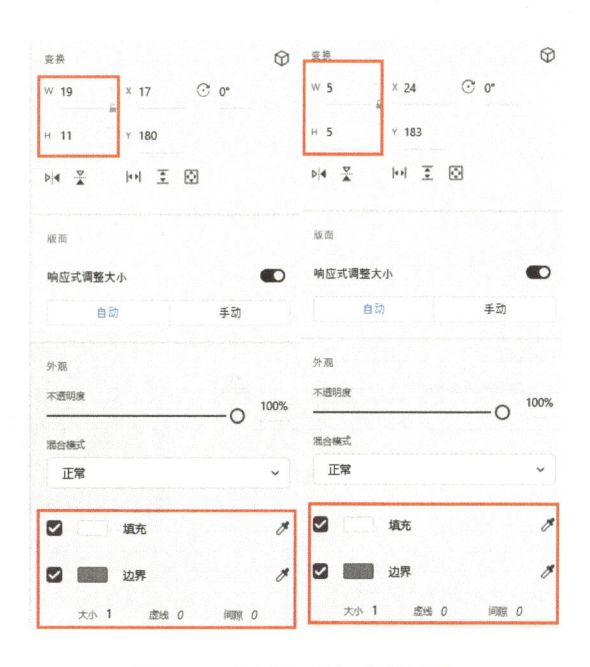

图 5.60　标题文字参数设置　　　　图 5.61　浏览量图标参数设置

（3）在图标右侧添加浏览量文字，设置宽度 W：73，高度 H：19，字体：微软雅黑，字号：14，粗细：Regular，行间距：19，如图 5.62 所示。在浏览量右侧，输入文字"发布于 2023 年 12 月 5 日"，然后在文字右侧绘制一个圆形，打开素材，选择"头像 1.png"，将图片置于圆形内，发布时间文字效果如图 5.63 所示。

· 083 ·

图 5.62　浏览量文字参数设置　　　　　　　图 5.63　发布时间文字效果

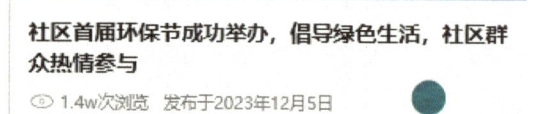

（4）在界面右侧输入发帖者名称，如"Liuuu"，设置宽度 W：42，高度 H：21，字体：微软雅黑，字号：16，粗细：Regular，行间距：21，填充颜色：#333333，如图 5.64 所示。

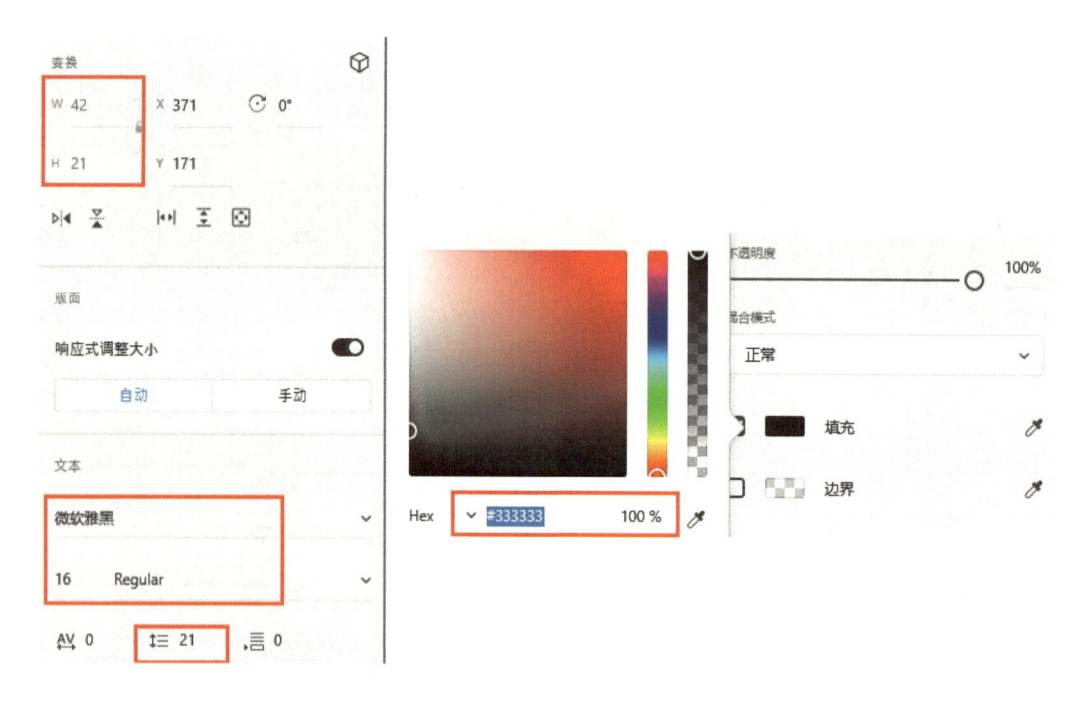

图 5.64　发帖者名称参数设置

（5）绘制一条直线，在文字信息下方合适位置作为分割线，设置宽度 W：398，边界大小：1，边界颜色：#D6D6D6，分割线效果如图 5.65 所示。

图 5.65　分割线效果

（6）分割线下方显示帖子详情信息文字，字体：微软雅黑，字号：14，粗细：Regular，行间距：30，填充颜色：#333333，帖子详情信息文字参数设置如图 5.66 所示。发帖详情效果如图 5.67 所示。

图 5.66　帖子详情信息文字参数设置　　　　图 5.67　发帖详情效果

3. 在界面下方显示帖子评论信息，包括发布人头像、昵称、点赞数、发布信息、发布时间及发布地点，底部显示发布评论输入框及发布按钮。

（1）输入评论标题及评论数量，字体：微软雅黑，字号：18，粗细：Bold，行间距：30，填充颜色：#999999，如图 5.68 所示。

（2）在标题下方打开素材，选择"头像 2.png"，将图片置于圆形内，设置宽度 W：28，高度 H：28，在头像右侧输入发布人昵称，如"西瓜很甜"，字体：微软雅黑，字号：16，粗细：Regular，颜色：#333333，发布人头像和昵称效果如图 5.69 所示。

图 5.68　评论标题参数设置

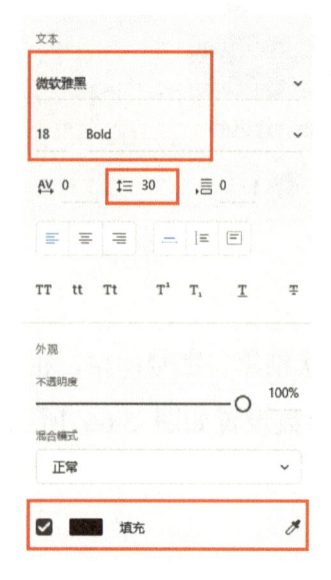

图 5.69　发布人头像和昵称效果

（3）打开素材，选择"点赞.png"，置于昵称右侧，在点赞按钮右侧输入点赞数字，字体：微软雅黑，字号：14，粗细：Regular，颜色：#999999，点赞按钮效果如图 5.70 所示。

（4）输入评论信息内容文字，字号：16，行间距：21，颜色：#333333，在下方输入发布时间及发布地点信息文字，字体：微软雅黑，字号：14，粗细：Regular，颜色：#999999，评论效果如图 5.71 所示。

图 5.70　点赞按钮效果

图 5.71　评论效果

（5）选择评论的信息，使用重复网格向下拖出 2 个评论，评论区效果如图 5.72 所示。

图 5.72　评论区效果

（6）在界面底部放置一个矩形①，设置宽度 W：428，高度 H：51，填充颜色：#FFFFFF，如图 5.73 所示。

图 5.73　矩形①参数设置

（7）绘制一个矩形②，设置宽度 W：396，高度 H：36，圆角：18，填充颜色：#EEEEEE，如图 5.74 所示。

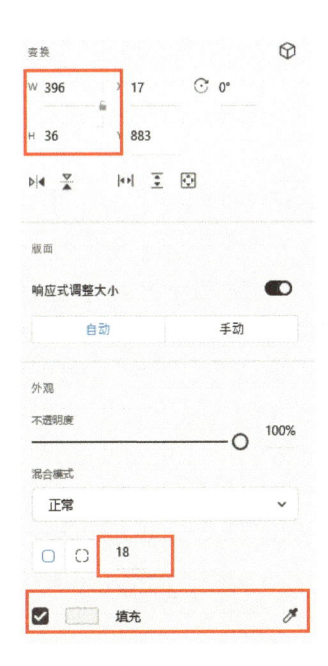

图 5.74　矩形②参数设置

（8）在矩形上方输入提示文字，字体：微软雅黑，字号：14，粗细：Regular，行间距：

30，填充颜色：#999999，如图 5.75 所示。

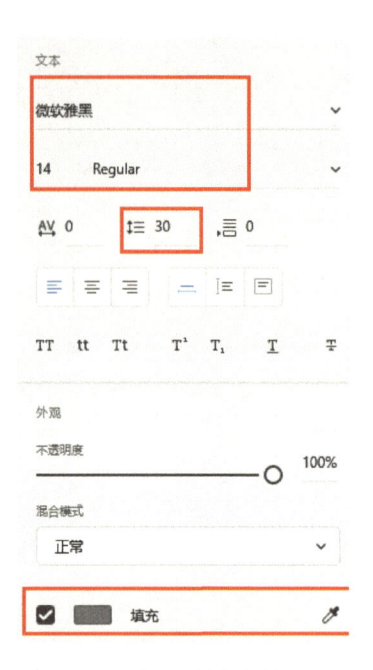

图 5.75　提示文字参数设置

（9）绘制一个矩形③，设置宽度 W：67，高度 H：32，圆角：18，填充颜色：#3476FE，如图 5.76 所示。

图 5.76　矩形③参数设置

（10）在上方输入文字"发布"，字体：微软雅黑，字号：14，粗细：Regular，行间距：30，填充颜色：#FFFFFF，如图 5.77 所示。

图 5.77 发布文字参数设置

(11) 发帖详情效果如图 5.78 所示。

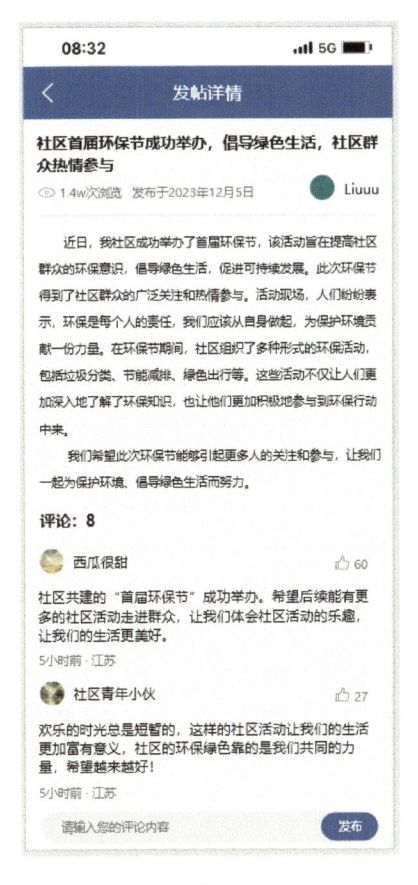

图 5.78 发帖详情效果

考核评价

请对本次学习任务的知识和技能进行梳理与汇总，填写表 5.1。

表 5.1 项目 5 评价考核表

考核项目		分值
软件操作	设计软件合理、规范	
	对移动界面的设计规范有一定的了解，并能运用到制作中	
知识掌握	重复网格的使用	
	Adobe XD 库的使用	

项目习题

1．如何实现列表类重复的效果？
2．如何使用 Adobe XD 库中的颜色来设置主色调效果？
3．请为某社区设计扫码取件界面、投诉建议界面、物业缴费界面。

项目 6 智慧环保

项目描述

如今，城市化进程越来越快，社会发展形态也发生了许多改变，我国提出了提高城市管理水平及提供多元化城市服务的发展战略。

随着城市化进程的快速发展，环境控制力不足、污染加剧等实际问题凸显，城市环保问题愈发棘手，精准、高效地治理城市环保问题已刻不容缓。

在此背景下，利用各种先进的信息技术手段，将城市管理的各项配套系统和功能模块进行高度整合，能够进一步推动城市向工业化、信息化、城镇化发展的步伐，提高城市的管理效能，有效解决城市环保问题。

项目设计

本项目共 3 个任务，每个任务对应不同的界面及设计元素和需求。在进行智慧环保项目界面设计之前，需要先确定应用的整体风格，因为这会影响用户对应用的印象和评价，然后通过对布局、颜色、大小、位置等的设置，建立不同层次的信息结构，将重要信息或功能置于显著位置。本项目涉及按钮、页面切换、Tab 栏切换等交互设计，合理的交互设计可以有效地改善用户体验。在设计过程中，要综合考虑用户的使用场景、习惯和反馈机制等多方面因素，从而完成交互设计。

项目目标

1. 知识与技能

（1）通过本项目的学习，熟悉智慧环保项目界面设计的实施流程。

（2）掌握利用 Adobe XD 组件制作及切换界面的方法。

2. 过程与方法

（1）通过制作思维导图，了解本项目实施的完整流程。

（2）通过本项目的完整实现，掌握相应的知识技能。

3. 情感态度与价值观

通过对智慧环保项目界面的整体设计与模型制作，提升分析问题、解决问题的能力，培养严谨的工作态度，提升举一反三的能力。

知识准备

- ☑ 了解移动界面设计的制作流程及规范。
- ☑ 掌握 Adobe XD 界面素材的加工制作方法。
- ☑ 掌握界面切换动画效果的实现方法。
- ☑ 掌握利用组件切换不同状态的实现方法。

项目实施

智慧环保项目实施流程如图 6.1 所示。

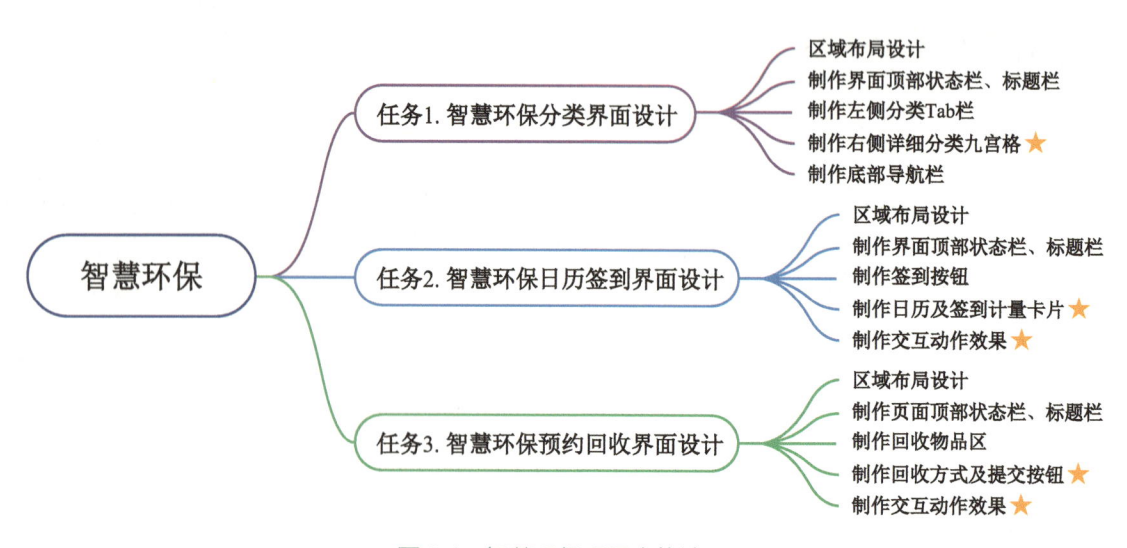

```
                                       ┌─ 区域布局设计
                                       ├─ 制作界面顶部状态栏、标题栏
                     ┌─ 任务1. 智慧环保分类界面设计 ─┼─ 制作左侧分类Tab栏
                     │                  ├─ 制作右侧详细分类九宫格 ★
                     │                  └─ 制作底部导航栏
                     │
                     │                  ┌─ 区域布局设计
                     │                  ├─ 制作界面顶部状态栏、标题栏
   智慧环保 ─────────┼─ 任务2. 智慧环保日历签到界面设计 ─┼─ 制作签到按钮
                     │                  ├─ 制作日历及签到计量卡片 ★
                     │                  └─ 制作交互动作效果 ★
                     │
                     │                  ┌─ 区域布局设计
                     │                  ├─ 制作页面顶部状态栏、标题栏
                     └─ 任务3. 智慧环保预约回收界面设计 ─┼─ 制作回收物品区
                                        ├─ 制作回收方式及提交按钮 ★
                                        └─ 制作交互动作效果 ★
```

图 6.1　智慧环保项目实施流程

任务 1 智慧环保分类界面设计

🎤 任务 1 说明

1. 进入环保分类界面，顶部标题栏显示本界面标题，左上角显示返回上一页按钮。

（1）新建画板。画板尺寸：750 像素×1624 像素，将画板重命名为"分类页 01"，画板效果如图 6.2 所示。画板填充颜色：#F5F5F5，如图 6.3 所示。

图 6.2　画板效果

图 6.3　画板颜色参数设置

（2）绘制状态栏（矩形），设置宽度 W：750，高度 H：72，位置 X：0，Y：0，填充颜色：#CCCCCC，如图 6.4 所示。

（3）打开素材，选择"白状态栏.png"，置于界面顶部，设置宽度 W：750，高度 H：52，位置 X：0，Y：20，状态栏效果如图 6.5 所示。

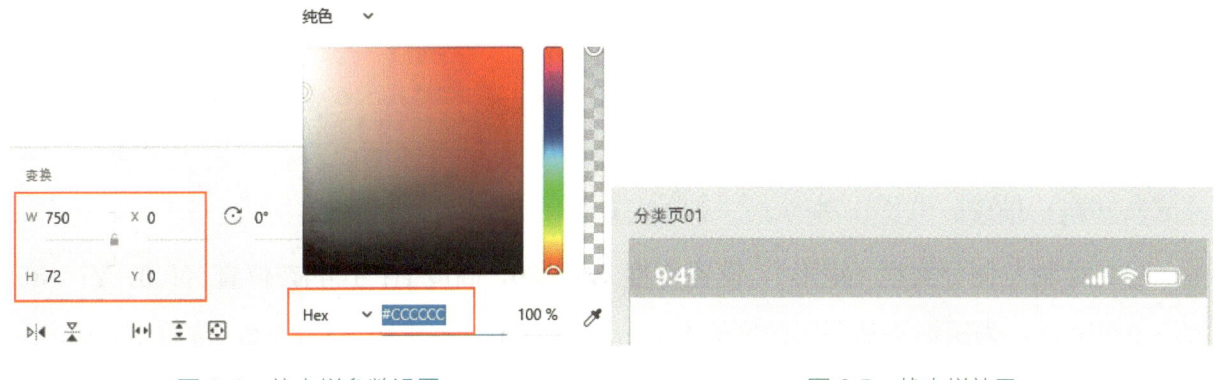

图 6.4　状态栏参数设置

图 6.5　状态栏效果

（4）绘制标题栏（矩形），设置宽度 W：750，高度 H：108，位置 X：0，Y：72，如

图 6.6 所示。添加标题栏文字"分类",字体:思源黑体 CN,字号:44,粗细:Regular,字间距:100,行间距:7.5,文字填充颜色:#FFFFFF,如图 6.7 所示。

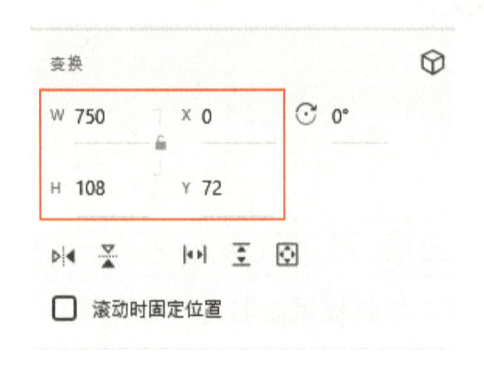

图 6.6　标题栏参数设置　　　　　　图 6.7　标题栏文字参数设置

(5)打开素材,选择"返回-黑.png",位置 X:45,Y:85,标题栏效果如图 6.8 所示。

图 6.8　标题栏效果

2. 界面左侧显示环保回收分类栏,用文字标签显示,共 7 个分类,分别为全部、布料、金属、塑料、玻璃、纸类、其他。

(1)绘制左侧分类栏(矩形),设置宽度 W:180,高度 H:1444,位置 X:0,Y:180,如图 6.9 所示。为矩形添加阴影,阴影颜色:#2B5500,不透明度:25%,位置 X:0,Y:3,B:15,如图 6.10 所示。

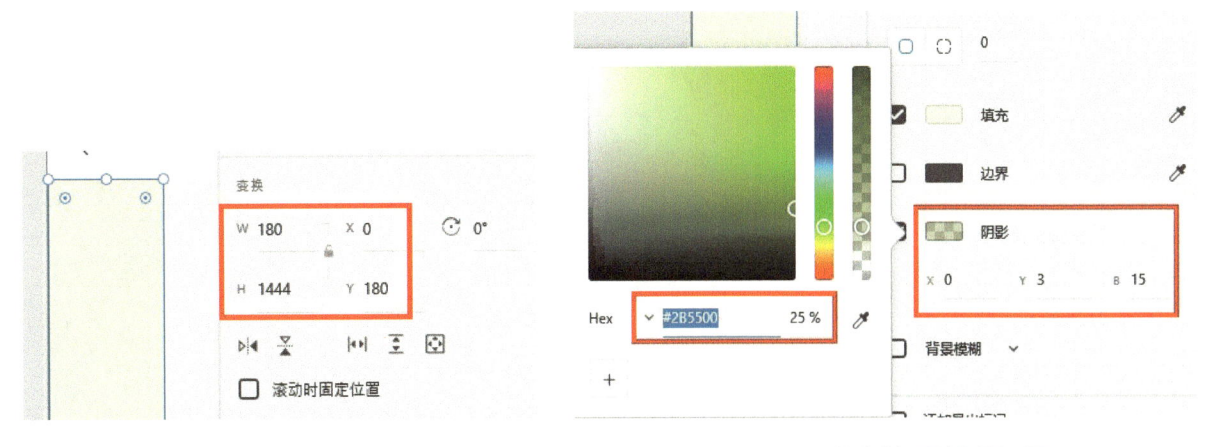

图 6.9 分类栏参数设置　　　　　　　　图 6.10 分类栏阴影参数设置

（2）添加左侧文字"分类"，字体：思源黑体 CN，字号：32，粗细：Light，字间距：100，文字填充颜色：#666666，如图 6.11 所示。居中对齐，位置 X：56，Y：224。

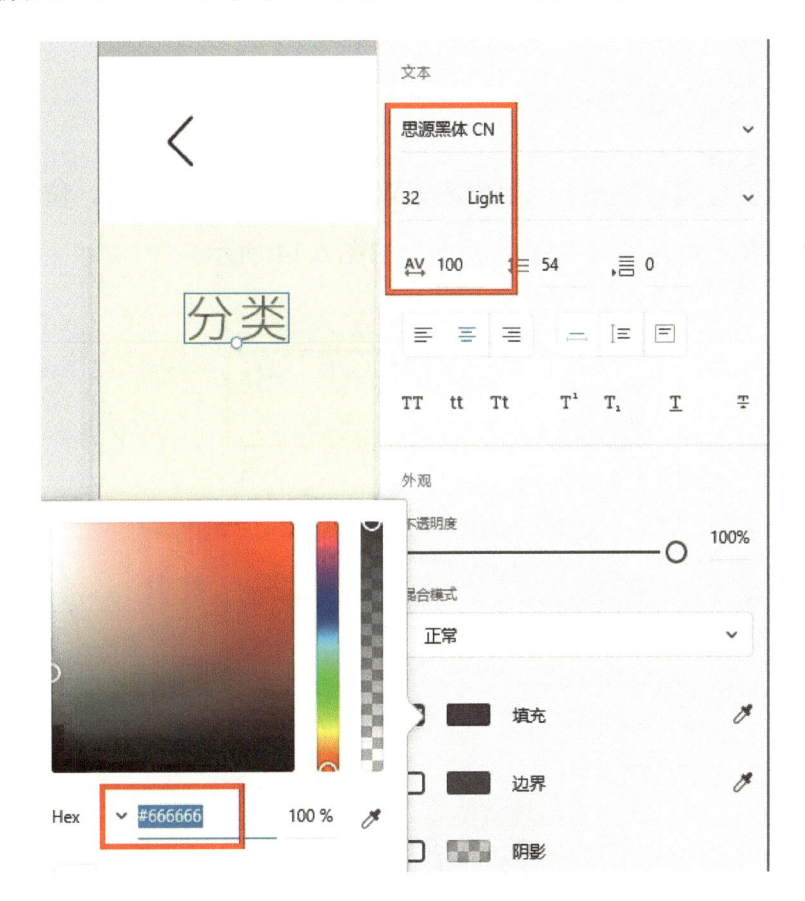

图 6.11 分类文字参数设置

（3）选中文字，使用重复网格向下拖拽，生成均等分布的 7 行文字，并调整网格纵向间距为 88，重复网格效果如图 6.12 所示。取消重复网格，并更改其他分类文字为"布料""金属""塑料""玻璃""纸类""其他"，分类栏文字效果如图 6.13 所示。

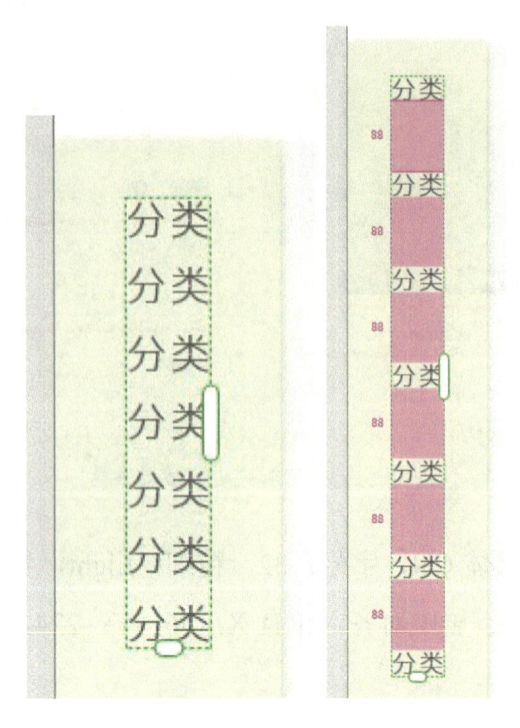

图6.12　重复网格效果　　　　　　　　　图6.13　分类栏文字效果

（4）绘制分类栏标签（矩形），设置宽度 W：180，高度 H：120，位置 X：0，Y：300，填充颜色：#719F1B，并置于文字图层下方，如图 6.14 所示。

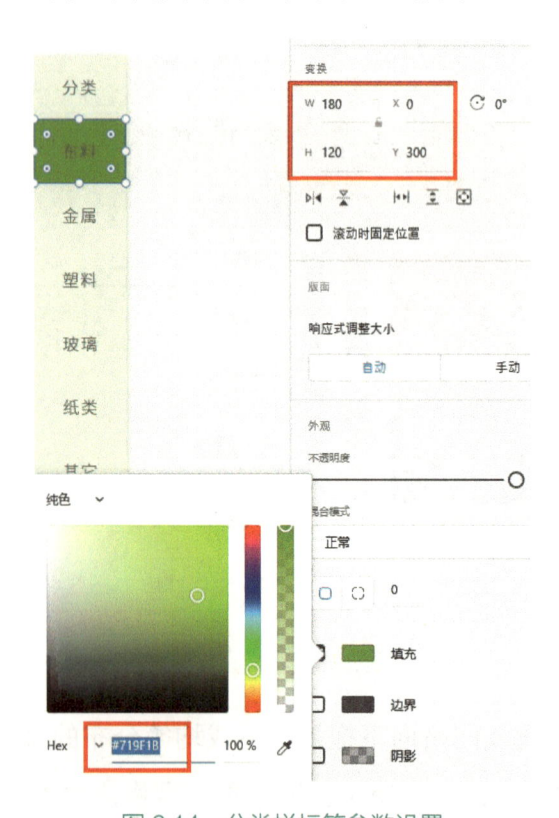

图6.14　分类栏标签参数设置

（5）"布料"文字字体：思源黑体 CN，字号：40，粗细：Regular，文字填充颜色：#FFFFFF，"布料"文字效果如图 6.15 所示。

图 6.15　"布料"文字效果

3. 界面右侧上方显示搜索栏，下方显示详细分类服务入口，以图标和名称为单元宫格方式显示，手机端每行显示 3 个。

（1）绘制搜索栏（圆角矩形），设置宽度 W：500，高度 H：72，圆角：36，位置 X：215，Y：204，填充颜色：#FFFFFF，如图 6.16 所示。

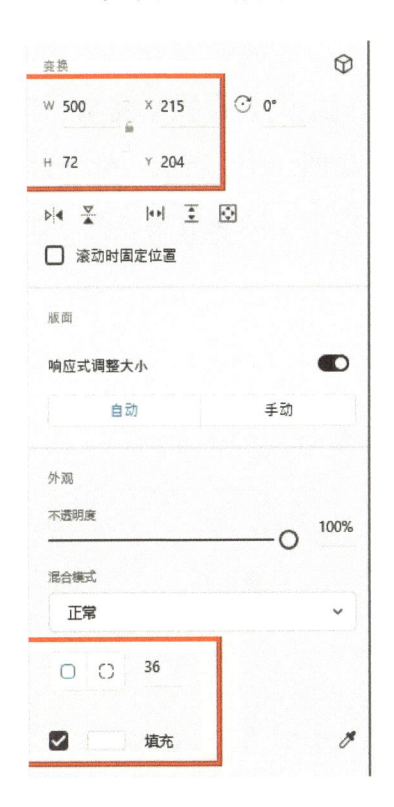

图 6.16　搜索栏参数设置

（2）添加文字"搜索"，字体：思源黑体 CN，字号：28，粗细：Light，文字填充颜色：#999999，如图 6.17 所示。打开素材，选择"搜索.png"，置于搜索区域，位置 X：650，Y：226，搜索栏效果如图 6.18 所示。

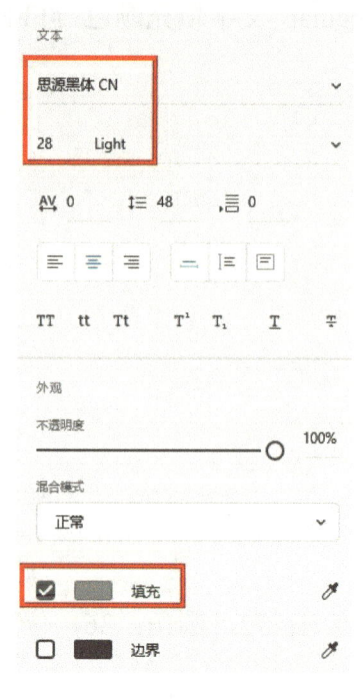

图 6.17 "搜索"文字参数设置

图 6.18 搜索栏效果

（3）绘制详细分类服务入口（圆形），设置宽度 W：140，高度 H：140，位置 X：215，Y：335，填充颜色：#C1CC46，如图 6.19 所示。打开素材，选择"帽子.png"，置于圆形中间，位置 X：238，Y：226，"帽子"图标效果如图 6.20 所示。

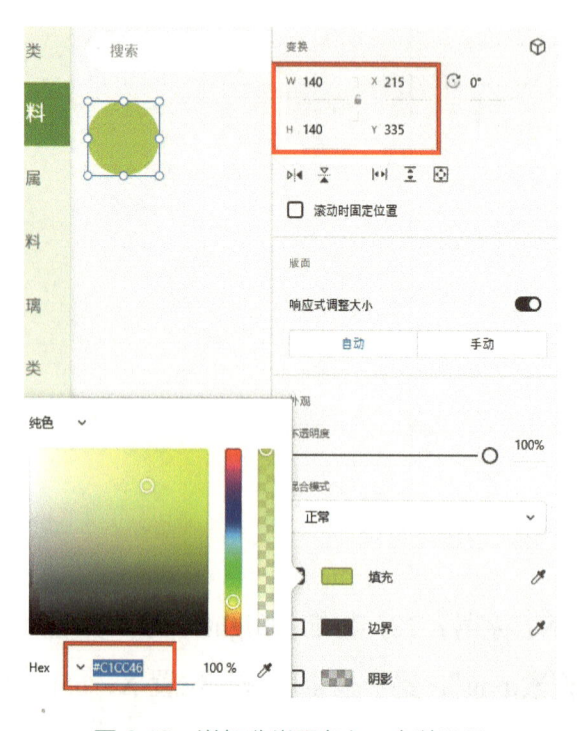

图 6.19 详细分类服务入口参数设置

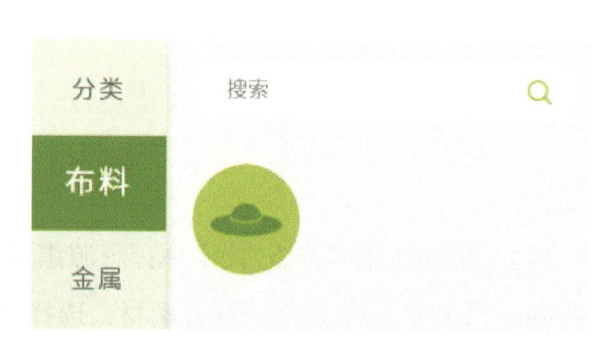

图 6.20 "帽子"图标效果

·098·

（4）添加文字"帽子"，字体：思源黑体 CN，字号：28，粗细：Light，文字填充颜色：#999999，Tab 栏效果如图 6.21 所示。

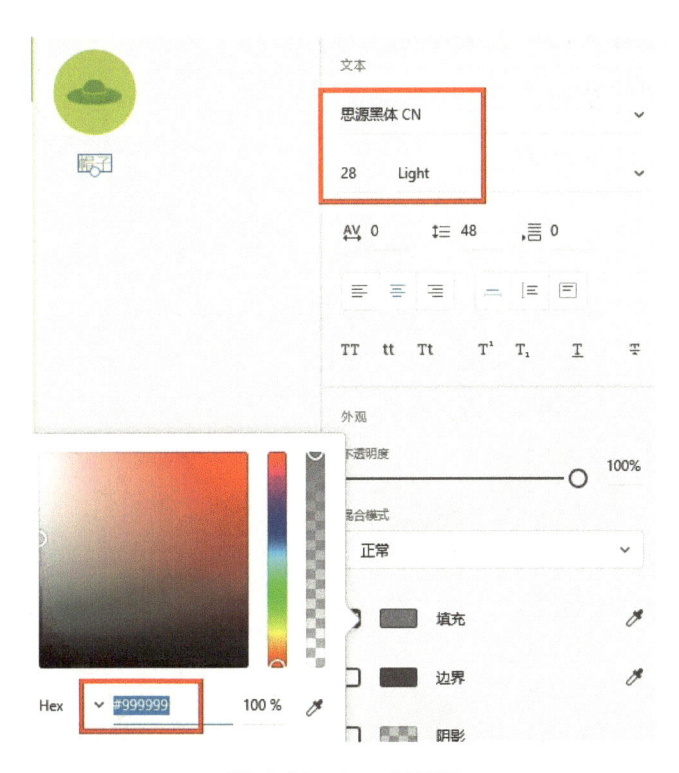

图 6.21　Tab 栏效果

（5）同时选中图标与文字，使用重复网格拖动列表，行数：3，列数：3，重复网格效果如图 6.22 所示。调整网格横向间距为 40，纵向间距为 60，调整后的重复网格间距效果如图 6.23 所示。

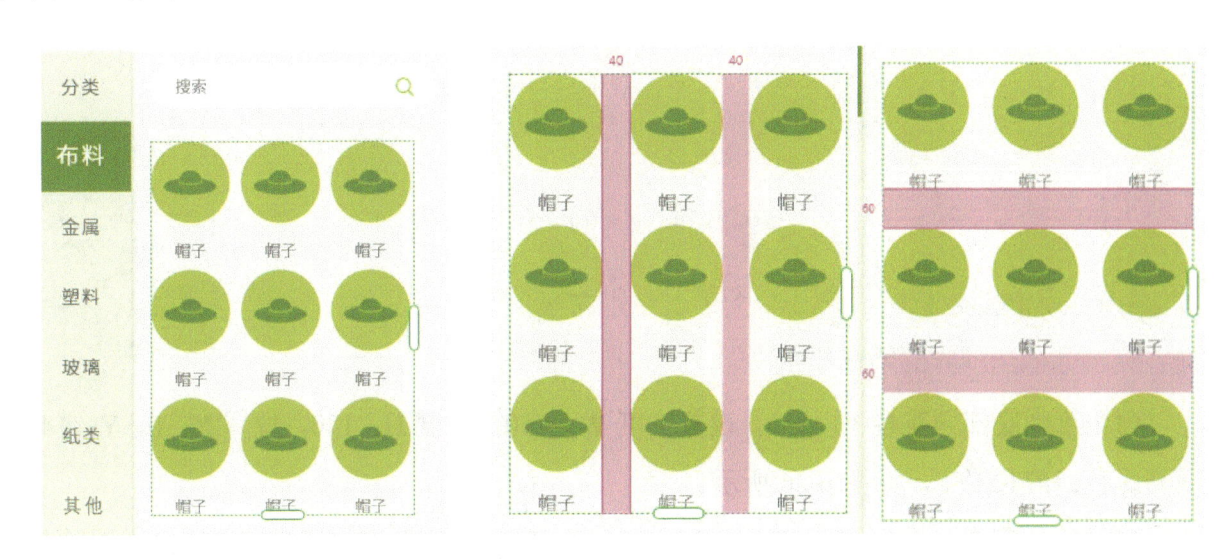

图 6.22　重复网格效果

图 6.23　调整后的重复网格间距效果

(6) 取消网格编组，选择第二个图标，将帽子图标更换为素材"T 恤.png"，并将图标下的文字更改为对应内容，服务入口更改效果如图 6.24 所示。依次更改其他图标及对应文字内容，布料分类服务各入口效果如图 6.25 所示。

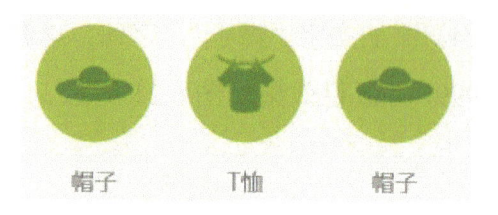

图 6.24　服务入口更改效果

图 6.25　布料分类服务各入口效果

4. 显示底部导航栏，共 5 个图标，分别为首页、分类、预约回收、新闻、个人中心，文字突出标记当前界面所在导航栏。

（1）绘制底部导航栏（矩形），设置宽度 W：750，高度 H：170，位置 X：0，Y：1454，填充颜色：#FFFFFF，如图 6.26 所示。

（2）绘制直线，设置宽度 W：260，高度 H：0，位置 X：245，Y：1590，设置边界颜色：#000000，边界大小：10，圆头端点，如图 6.27 所示。

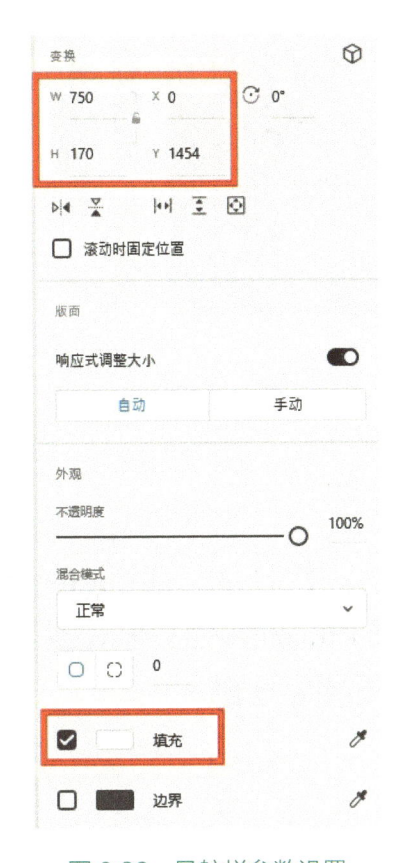

图 6.26　导航栏参数设置 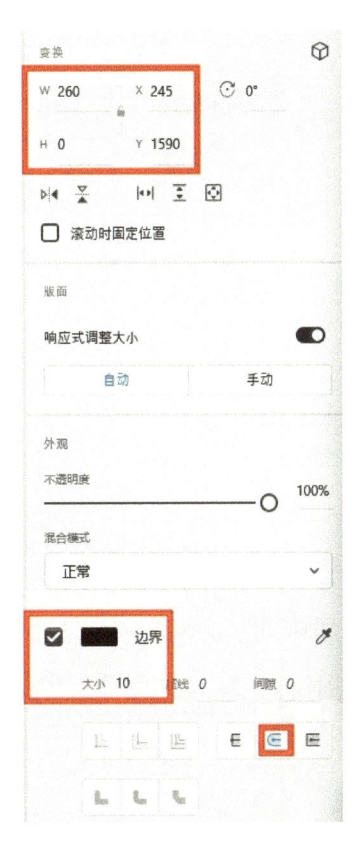　　　　　　　图 6.27　直线参数设置

（3）绘制"预约回收"导航区（圆角矩形），设置宽度 W：100，高度 H：70，位置 X：325，Y：1480，圆角：16，填充颜色：#719F1B，如图 6.28 所示。打开素材，选择"回收.png"，置于"预约回收"导航区中间，位置 X：351，Y：1500，"预约回收"导航按钮效果如图 6.29 所示。

图 6.28　"预约回收"导航区参数设置　　　　图 6.29　"预约回收"导航按钮效果

（4）添加导航栏文字"首页"，字体：思源黑体 CN，字号：32，粗细：Light，字间距：100，行间距：54，居中对齐，文字填充颜色：#999999，如图 6.30 所示。

图 6.30　导航栏文字参数设置

（5）添加导航栏文字"分类"，字体：思源黑体 CN，字号：32，粗细：Regular，字间距：100，居中对齐，行间距：54，文字填充颜色：#000000，如图 6.31 所示。继续添加"新闻""个人中心"导航栏文字，分类界面设计整体效果如图 6.32 所示。

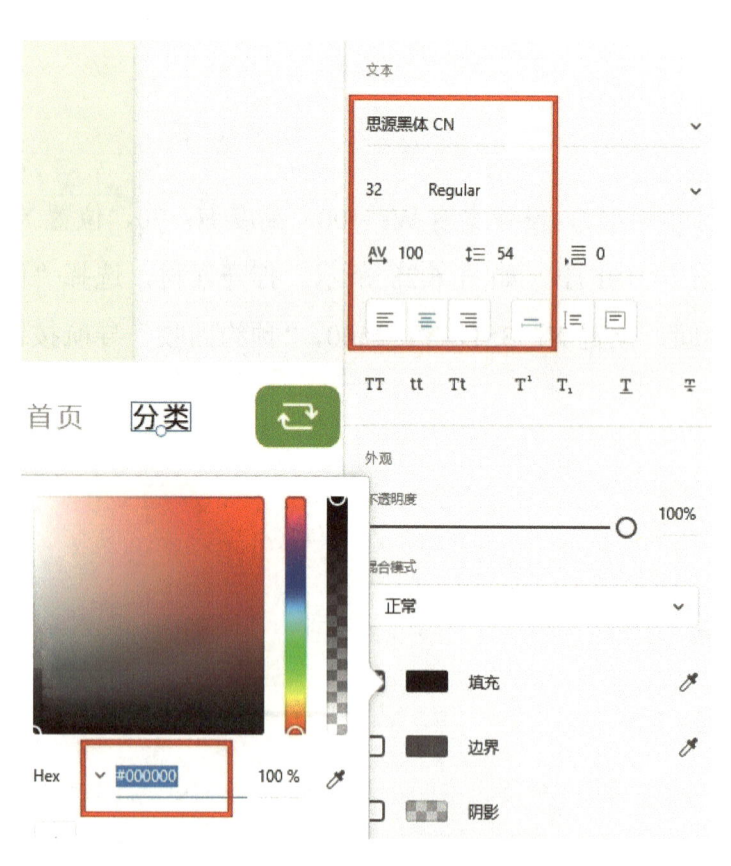

图 6.31　"分类"文字参数设置　　　　图 6.32　分类界面设计整体效果

任务 2　智慧环保日历签到界面设计

任务 2 说明

1. 进入环保日历签到界面，顶部标题栏显示本界面标题，左上角显示返回上一页按钮，右上角显示签到规则按钮，界面上方显示签到按钮。

（1）复制"分类页 01"画板，并将画板重命名为"日历签到页 01"。

保留状态栏、标题栏，删除界面其他内容，并将标题栏文字改为"签到"，日历签到界面效果如图 6.33 所示。

（2）添加标题栏文字"签到规则"，字体：思源黑体 CN，字号：32，粗细：Light，字间距：100，文字填充颜色：#999999，标题栏效果如图 6.34 所示。

图 6.33　日历签到界面效果

图 6.34　标题栏效果

（3）打开素材，选择"背景图.png"，置于画板上方，位置 X：0，Y：180，背景图效

果如图 6.35 所示。打开素材，选择"签到.png"，置于背景图片中间位置，位置 X：266，Y：250，"签到"按钮效果如图 6.36 所示。

图 6.35　背景图效果　　　　　　　　图 6.36　签到"按钮"效果

2. 界面中部显示环保日历，日历顶部显示当前年、月，日历下方显示当月日期，当日用黄色标注，已签到日期用绿色标注，未签到日期用灰色标注。

（1）绘制日历顶部（单边圆角矩形），设置宽度 W：680，高度 H：108，位置 X：35，Y：560，圆角：36，36，0，0，填充颜色：#719F1B，日历顶部效果如图 6.37 所示。

（2）绘制日历面板（单边圆角矩形），设置宽度 W：680，高度 H：650，位置 X：35，Y：668，圆角：0，0，36，36，填充颜色：#FFFFFF，日历面板效果如图 6.38 所示。

图 6.37　日历顶部效果　　　　　　　　图 6.38　日历面板效果

（3）为日历区添加阴影，填充颜色：#2B5500，不透明度：25%，位置 X：0，Y：3，

B：15，日历区阴影效果如图 6.39 所示。

（4）在日历顶部添加当前年、月，字体：思源黑体 CN，字号：40，粗细：Regular，字间距：100，文字填充颜色：#FFFFFF，当前年、月文字效果如图 6.40 所示。

图 6.39　日历区阴影效果　　　　　　　　　图 6.40　当前年、月文字效果

（5）添加星期一文字，字体：思源黑体 CN，字号：36，粗细：Regular，文字填充颜色：#333333，位置 X：82，Y：702。选择文字，使用重复网格向右拖曳列表，列数：7，间距：55，如图 6.41 所示。依次修改星期文字内容，星期文字效果如图 6.42 所示。

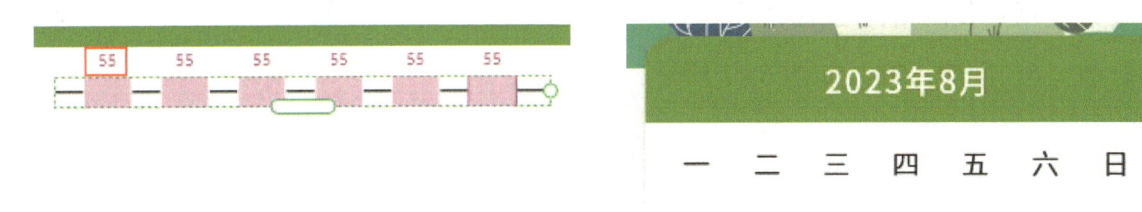

图 6.41　重复网格间距参数设置　　　　　　　图 6.42　星期文字效果

（6）添加日期文字，字体：Droid Sans Mono，字号：32，粗细：Regular，居中对齐，文字填充颜色：#666666，如图 6.43 所示。

（7）绘制签到标记区（圆角矩形），设置宽度 W：48，高度 H：24，位置 X：77，Y：808，圆角：12，填充颜色：#719F1B，如图 6.44 所示。打开素材，选择"对号.png"，置于签到标记区中间，居中对齐，对齐效果如图 6.45 所示。

图 6.43 日期文字参数设置

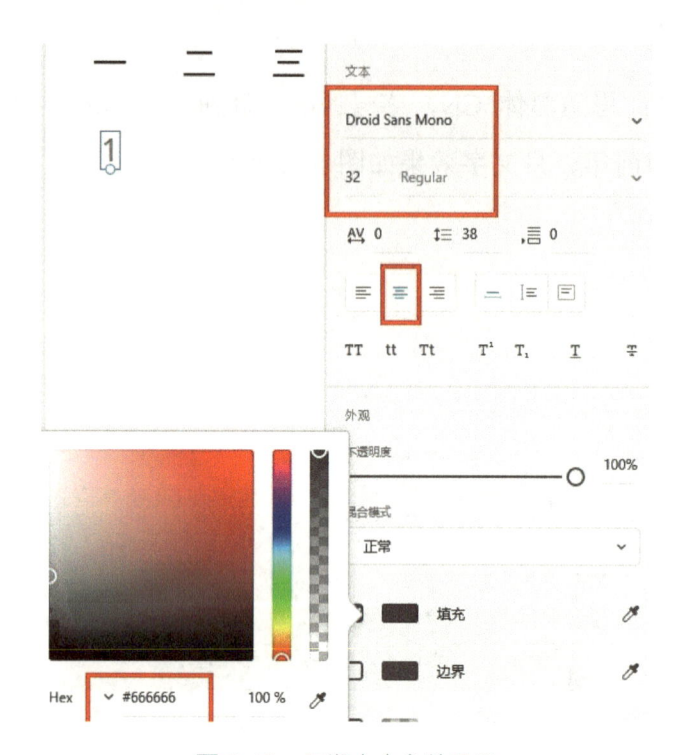

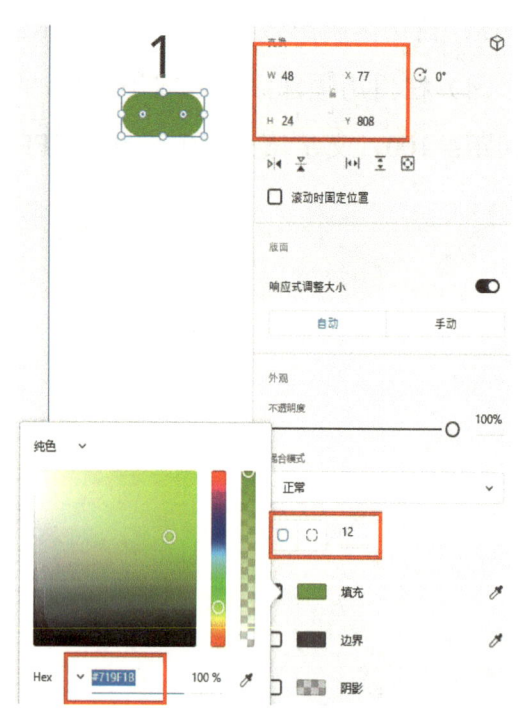

图 6.44 签到标记区参数设置

图 6.45 对齐效果

（8）使用重复网格向右拖动列表，列数：7，间距：43，如图 6.46 所示。向下拖曳列表，行数：6，间距：30，如图 6.47 所示。

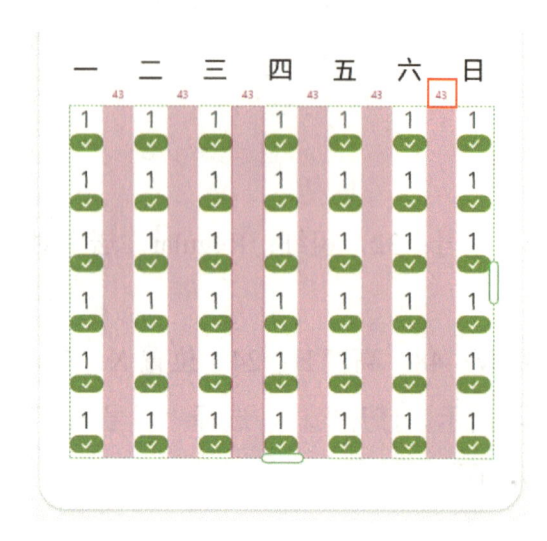

图 6.46 重复网格横向间距参数设置

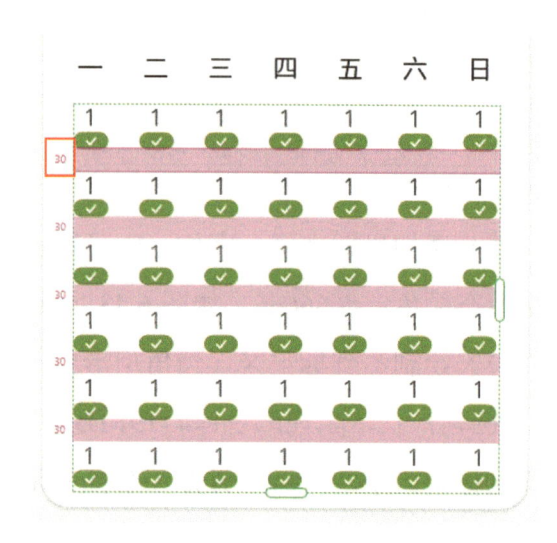

图 6.47 重复网格纵向间距参数设置

（9）选择日期，取消网格编组，如图 6.48 所示。依次修改文字内容，并删除多余内容，日期更改效果如图 6.49 所示。

图 6.48　取消网格编组设置　　　　　　　图 6.49　日期更改效果

（10）将部分标注更改为未签到状态，设置标注填充颜色：#999999，显示错号图标。当天日期标注填充颜色：#E6DF1C，标注更改效果如图 6.50 所示。

图 6.50　标注更改效果

（11）绘制日历分隔线（直线），分隔每行日期，设置宽度 W：610，高度 H：0，位置 X：70，Y：760，不透明度：15%，边界颜色：#000000，边界大小：1，如图 6.51 所示。

（12）使用重复网格向下拖曳列表，行数：6，间距：92，如图 6.52 所示。

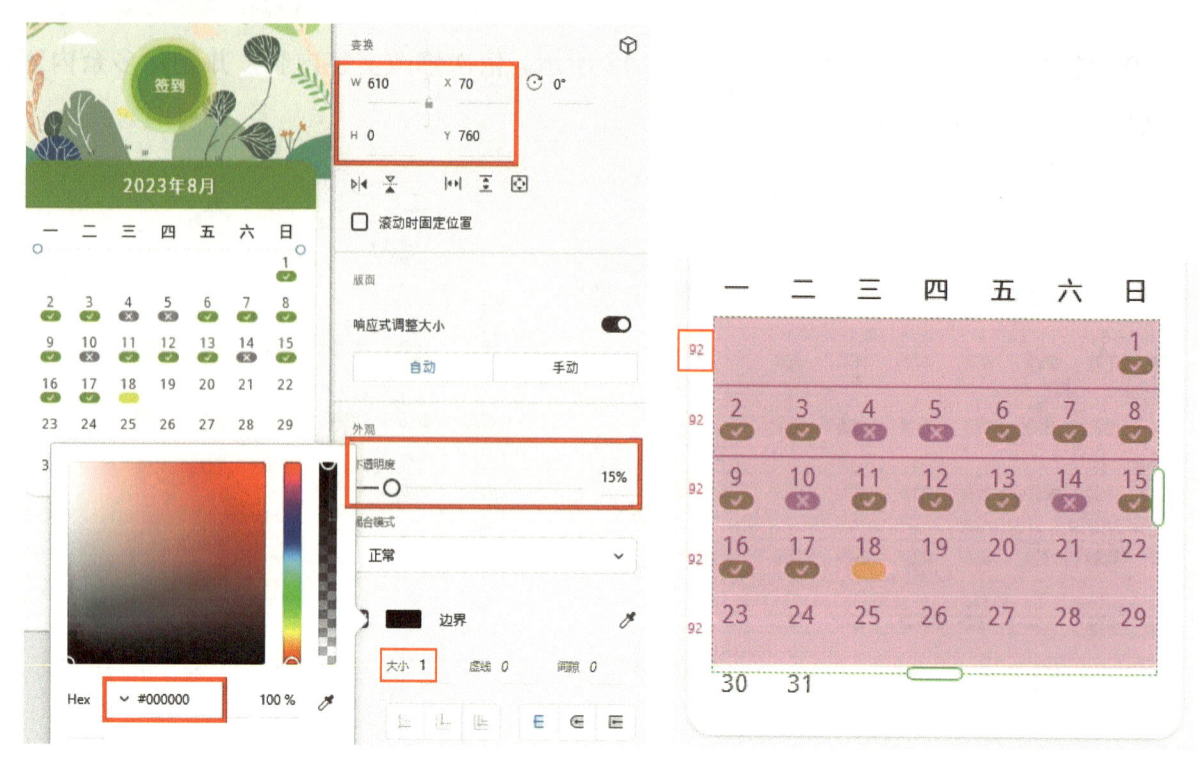

图 6.51 分隔线参数设置　　　　图 6.52 重复网格纵向间距参数设置

（13）取消网格编组，日历完整效果如图 6.53 所示。

图 6.53 日历完整效果

3. 界面下方以卡片方式显示连续签到和累计签到天数。

(1) 绘制累计签到卡片（圆角矩形），设置宽度 W：320，高度 H：180，位置 X：36，Y：1360，填充颜色：#FFFFFF，累计签到卡片区效果如图 6.54 所示。

(2) 添加文字"您已累计签到"，字体：思源黑体 CN，字号：32，粗细：Light，左对齐，文字填充颜色：#719F1B，如图 6.55 所示。

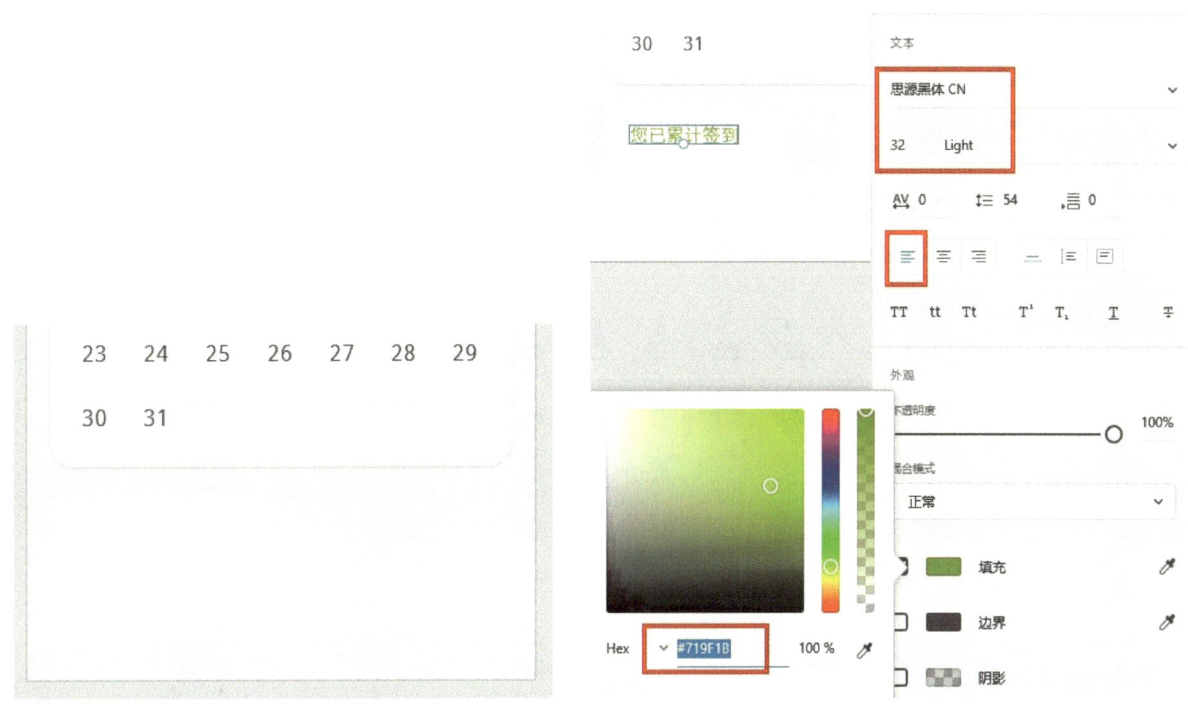

图 6.54　累计签到卡片区效果

图 6.55　文字参数设置

(3) 继续添加天数"68"，字体：思源黑体 CN，字号：72，粗细：Regular，文字填充颜色为：#719F1B。计量单位：天，字体：思源黑体 CN，字号：28，粗细：Light，文字填充颜色：#719F1B，累计签到卡片文字效果如图 6.56 所示。

(4) 复制此卡片，向右水平移动，更改卡片内的文字信息，并适当调整。累计签到卡片和连续签到卡片文字效果如图 6.57 所示，日历签到界面整体效果如图 6.58 所示。

图 6.56　累计签到卡片文字效果

图 6.57　累计签到卡片和连续签到卡片文字效果

图6.58 日历签到界面整体效果

4. 点击签到按钮，弹出提示"签到成功"，并跳转至已签到界面。

（1）新建画板。设置画板尺寸：750像素×1624像素，将画板命名为"日历签到页02"，绘制与画板等大的矩形，填充颜色：#000000，透明度：75%。

（2）绘制提示卡片区（圆角矩形），设置宽度W：300，高度H：150，位置X：225，Y：700，填充颜色：#202020。

（3）添加文字"签到成功"，字体：思源黑体CN，字号：40，粗细：Regular，文字填充颜色：#FFFFFF，与提示卡片区居中对齐，签到成功界面效果如图6.59所示。

图 6.59 签到成功界面效果

（4）复制"日历签到页 01"画板并重命名为"日历签到页 03"。选中"签到"按钮，选择"替换图像"命令，在对应路径中选择"已签到.png"，设置图片不透明度：50%，如图 6.60 所示。

（5）更换当天日期的签到标注，并修改累计签到天数和连续签到天数，已签到界面效果如图 6.61 所示。

图 6.60 "已签到"按钮参数设置　　　图 6.61 已签到界面效果

（6）切换至原型面板，在"日历签到页01"画板中为"签到"按钮添加交互动作，触发：点击，类型：叠加，目标：日历签到页02，动画：溶解，缓动：渐出，持续时间：0.3秒，如图6.62所示。"签到"按钮链接效果如图6.63所示。

图6.62　原型面板参数设置

图6.63　"签到"按钮链接效果

（7）继续为"日历签到页02"画板添加交互动作，触发：时间，延迟：0秒，类型：过渡，目标：日历签到页03，动画：溶解，缓动：渐出，持续时间：0.3秒，如图6.64所示。签到成功界面链接效果如图6.65所示。

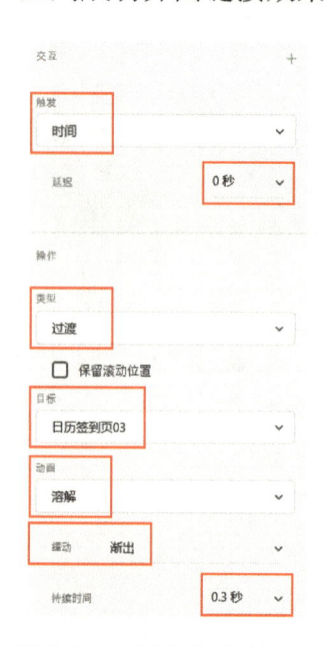

图6.64　原型面板参数设置

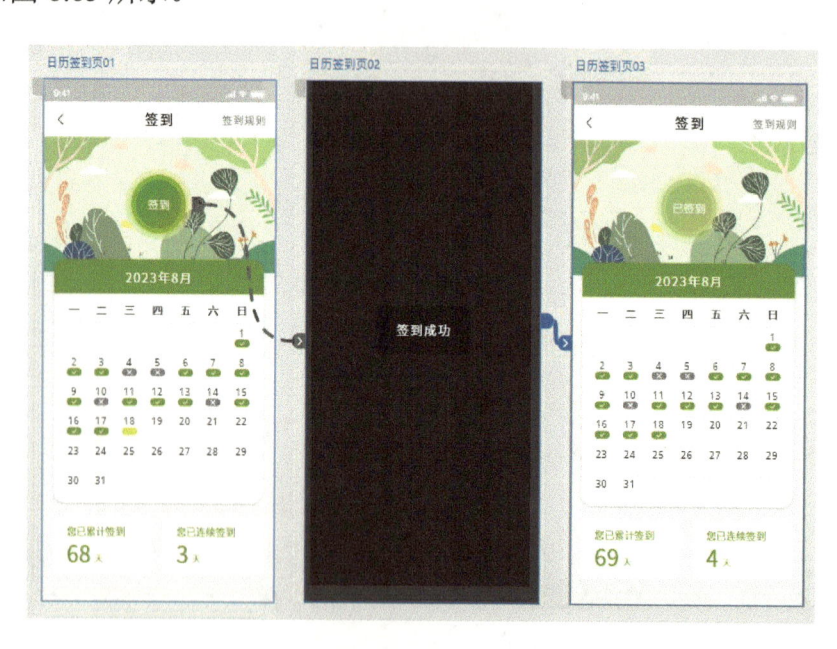

图6.65　签到成功界面链接效果

任务 3　智慧环保预约回收界面设计

🎤 任务 3 说明

1. 点击底部导航栏，进入预约回收界面，标题栏显示本界面标题，点击界面左上角按钮可返回上一页。

（1）复制"分类页 01"画板，并将画板重命名为"预约回收页 01"。保留状态栏、标题栏，删除界面其他内容，并将标题栏文字更改为"预约回收"，标题栏效果如图 6.66 所示。

图 6.66　标题栏效果

（2）切换至原型面板，在"预约回收页 01"画板为"预约回收"按钮添加交互动作，触发：点击，类型：自动制作动画，目标：预约回收页 01，缓动：渐出，持续时间：0.3 秒，如图 6.67 所示。为"预约回收页 01"的返回上一页按钮设置同样的交互效果，"返回上一页"按钮链接效果如图 6.68 所示。

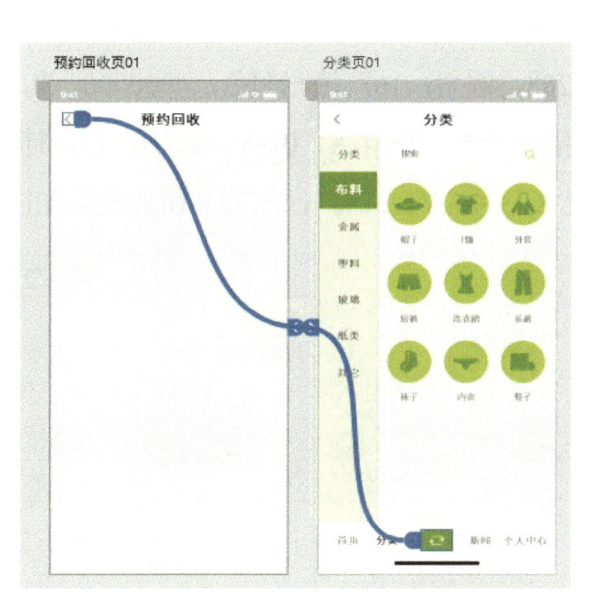

图 6.67　原型面板参数设置　　　　图 6.68　"返回上一页"按钮链接效果

2. 顶部展示回收物品标题和卡片，卡片左侧为回收物品照片，右侧为物品名称及详情。

（1）切换至设计面板，绘制标题引导符号（直线），设置宽度 W：0，高度 H：40，位置 X：44，Y：224，边界颜色：#719F1B，边界大小：10，如图 6.69 所示。

（2）添加标题文字"回收物品"，字体：思源黑体 CN，字号：40，粗细：Regular，文字填充颜色：#719F1B，如图 6.70 所示。

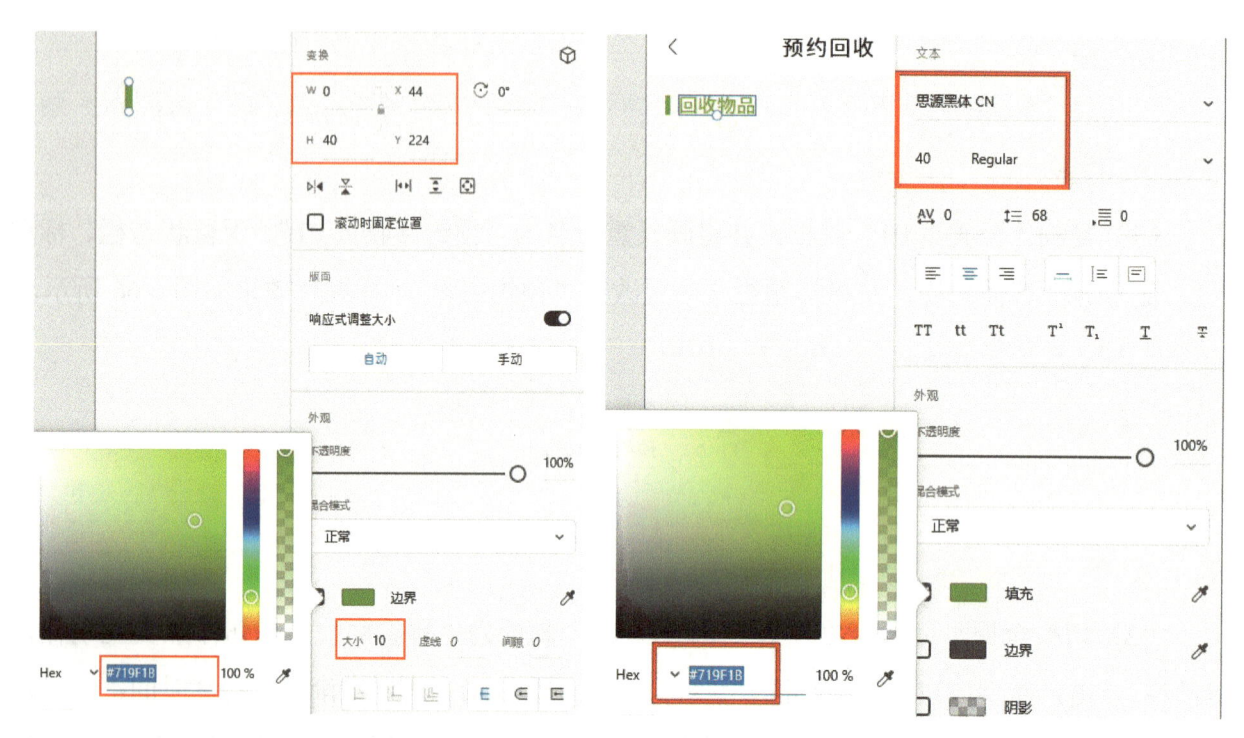

图 6.69　标题引导符号参数设置

图 6.70　标题文字参数设置

（3）绘制回收物品卡片区（圆角矩形），设置宽度 W：680，高度 H：180，位置 X：35，Y：288，圆角：16，填充颜色：#000000。勾选"阴影"复选框，填充颜色：#2B5500，不透明度：25%，位置 X：0，Y：3，B：15。打开素材，选择"回收物.png"，置于卡片左侧，位置 X：74，Y：324，回收物品图片效果如图 6.71 所示。

图 6.71　回收物品图片效果

（4）在适当位置添加文字"回收物：废纸板"，字体：思源黑体 CN，字号：32，粗细：

Light，文字填充颜色：#666666。在下方添加详情文字"4千克"，字体：思源黑体 CN，字号：28，粗细：Light，文字填充颜色：#999999，回收物品文字效果如图 6.72 所示。

（5）打开素材，选择"返回.png"，置于卡片右侧，水平翻转，位置 X：650，Y：358，如图 6.73 所示。

图 6.72　回收物品文字效果　　　　　图 6.73　水平翻转参数设置

3. 底部为回收方式卡片，包括上门回收和到店回收，上门回收卡片以填写表格形式呈现，填写内容包括填写标题及提示文字，每行以横线分隔。

（1）绘制上门回收卡片区。绘制一个单边圆角矩形，设置宽度 W：340，高度 H：92，位置 X：35，Y：536，圆角：30、30、0、0，填充颜色：#FFFFFF，如图 6.74 所示。

（2）用圆形和正方形组合，得到卡片素材，并对两个素材进行编组。卡片素材设置及效果如图 6.75 所示。

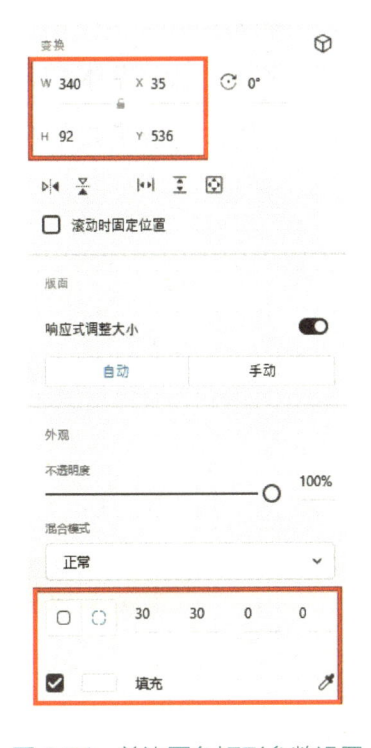

图 6.74　单边圆角矩形参数设置 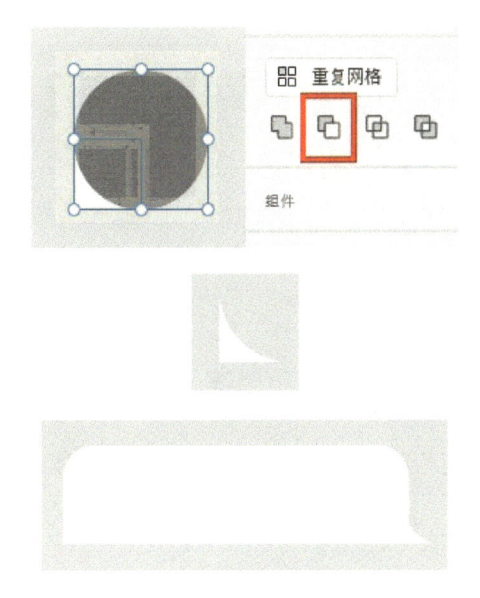　　　　图 6.75　卡片素材设置及效果

（3）绘制卡片主体区（圆角矩形），设置宽度 W：680，高度 H：740，位置 X：35，Y：626，圆角：0、36、36、36，填充颜色：#FFFFFF。

（4）复制已编组的卡片素材，移动位置并水平翻转。水平翻转设置及效果如图 6.76 所示（边界线仅供注明位置）。将三个图形组合为完整卡片图形，并添加联合，如图 6.77 所示。

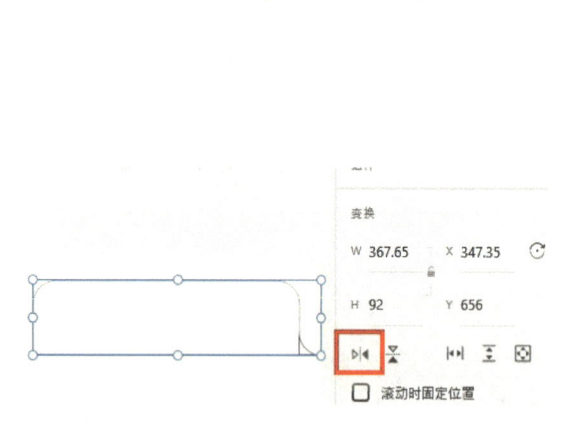

图 6.76　水平翻转设置及效果　　　　　图 6.77　卡片联合设置

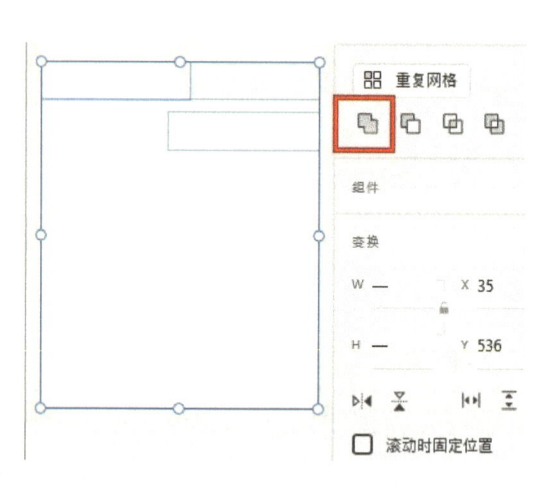

（5）为卡片添加阴影，填充颜色：#2B5500，不透明度：25%，位置 X：0，Y：3，B：10。绘制底层卡片区（单边圆角矩形），设置宽度 W：680，高度 H：110，位置 X：35，Y：555，圆角：36、36、0、0，填充颜色：#C1CC46，卡片阴影效果如图 6.78 所示。

（6）为卡片添加标题文字"上门回收"和"到店回收"，字体：思源黑体 CN，字号：36，粗细：Regular，文字填充颜色分别为#719F1B 和#FFFFFF，卡片标题效果如图 6.79 所示。

图 6.78　卡片阴影效果　　　　　图 6.79　卡片标题效果

（7）添加上门回收文字"地址："，字体：思源黑体 CN，字号：32，粗细：Regular，左对齐，文字填充颜色：#666666，位置 X：85，Y：690。继续添加提示文字"请输入地址"，字体：思源黑体 CN，字号：32，粗细：Regular，左对齐，文字填充颜色：#999999。

（8）绘制卡片分隔线（直线），设置宽度 W：580，高度 H：0，位置 X：85，Y：770，不透明度：15%，边界颜色：#000000，边界大小：1，地址栏表格效果如图 6.80 所示。

图 6.80　地址栏表格效果

（9）选中标题、提示文字和分割线，使用重复网格向下拖曳列表，行数：5，间距：40，如图 6.81 所示。取消网格编组，更改卡片内的文字信息，上门回收卡片效果如图 6.82 所示。

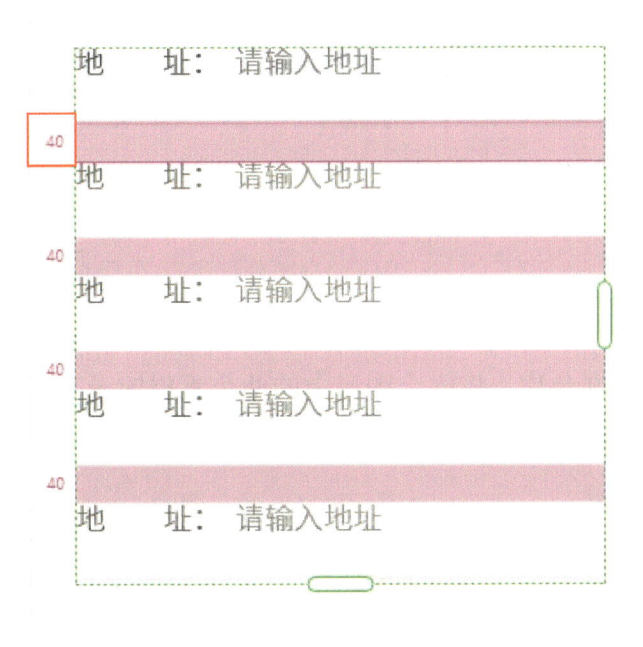

图 6.81　网格间距参数设置　　　　图 6.82　上门回收卡片效果

4. 到店回收卡片上方显示当前定位及周边店铺，下方显示当前选择的店铺名称及距离，点击回收方式 Tab 栏可切换卡片。

（1）选中卡片内容（不包含底层绿色卡片），右击"制作组件"选项，生成默认状态组件，如图 6.83 所示。

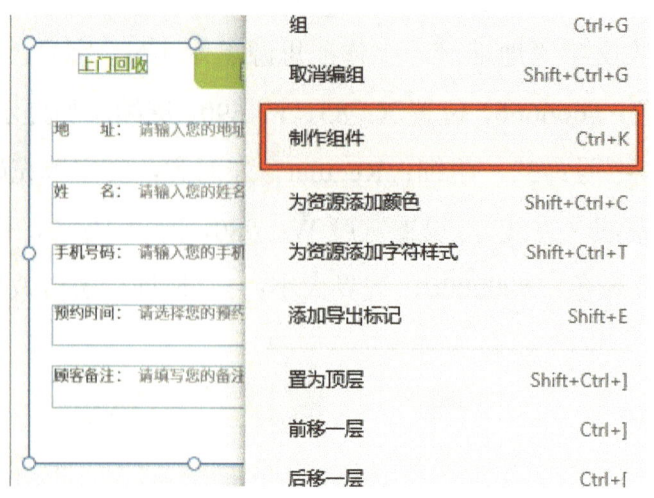

图 6.83 制作组件

（2）单击组件面板上的"+"按钮，新建状态，并命名为"到店回收"，如图 6.84 所示。

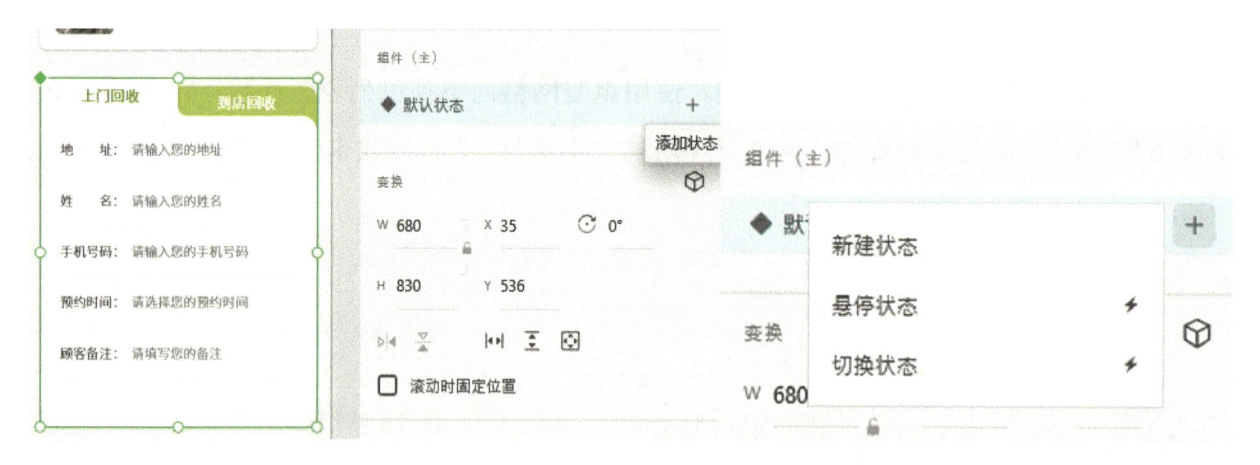

图 6.84 新建状态

（3）删除上门回收相关信息，制作到店回收卡片。将联合图形中的两个素材的 y 轴位置对调，素材的 y 轴位置对调前后对比如图 6.85 所示。

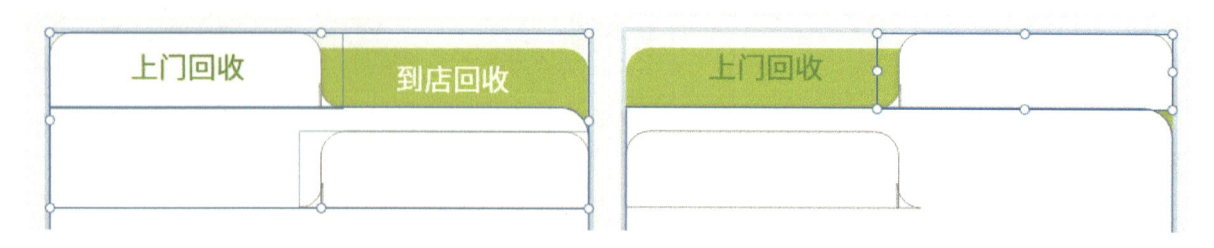

图 6.85 素材的 y 轴位置对调前后对比

（4）将卡片标题文字的 y 轴位置和颜色对调，文字参数对调前后对比如图 6.86 所示。

图 6.86　文字参数对调前后对比

（5）更改卡片主体区的圆角参数设置，如图 6.87 所示。到店回收卡片效果如图 6.88 所示。

图 6.87　卡片主体区的圆角参数设置　　　　图 6.88　到店回收卡片效果

（6）打开素材，选择"爱心回收站.png"，置于"到店回收"组件，位置 X：72，Y：665，爱心回收站效果如图 6.89 所示。依次将"信息.png""今日容量.png"导入组件，并放置在合适位置，信息效果如图 6.90 所示。

图 6.89　爱心回收站效果　　　　图 6.90　信息效果

· 119 ·

（7）在下方添加文字"当前选择："，字体：思源黑体 CN，字号：32，粗细：Light，左对齐，文字填充颜色：#999999，位置 X：72，Y：1300。继续添加其他文字信息，到店回收卡片效果如图 6.91 所示。

图 6.91　到店回收卡片效果

（8）切换至原型面板，选择默认状态组件中的"到店回收"文字，添加交互动作，触发：点击，类型：自动制作动画，目标：到店回收，缓动：渐出，持续时间：0.3 秒，如图 6.92 所示。到店回收交互链接效果如图 6.93 所示。

图 6.92　原型面板参数设置　　　　图 6.93　到店回收交互链接效果

（9）选择"到店回收"状态组件中的"上门回收"文字，添加交互动作，触发：点击，类型：自动制作动画，目标：默认状态，缓动：渐出，持续时间：0.3秒，如图6.94所示。上门回收交互链接效果如图6.95所示。

图6.94　原型面板参数设置

图6.95　上门回收交互链接效果

5. 底部有"提交"按钮。

（1）切换到设计面板，绘制"提交"按钮（圆角矩形），设置宽度W：680，高度H：90，位置X：35，Y：1444，圆角：45，填充颜色：#719F1B，"提交"按钮形状效果如图6.96所示。

（2）添加文字"提交"，字体：思源黑体CN，字号：36，粗细：Regular，间距：100，文字填充颜色：#FFFFFF，文字与圆角矩形居中对齐，"提交"按钮效果如图6.97所示。

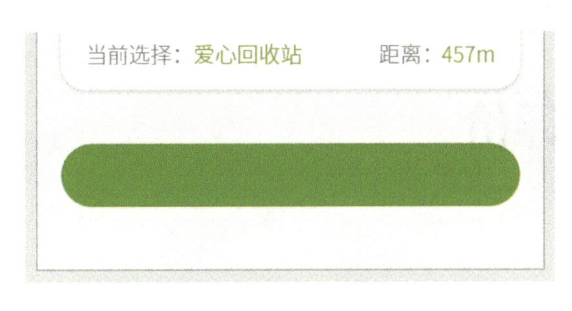

图6.96　"提交"按钮形状效果

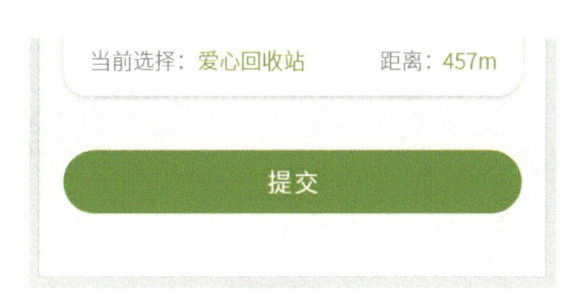

图6.97　"提交"按钮效果

(3) 智慧环保界面效果如图 6.98 所示。

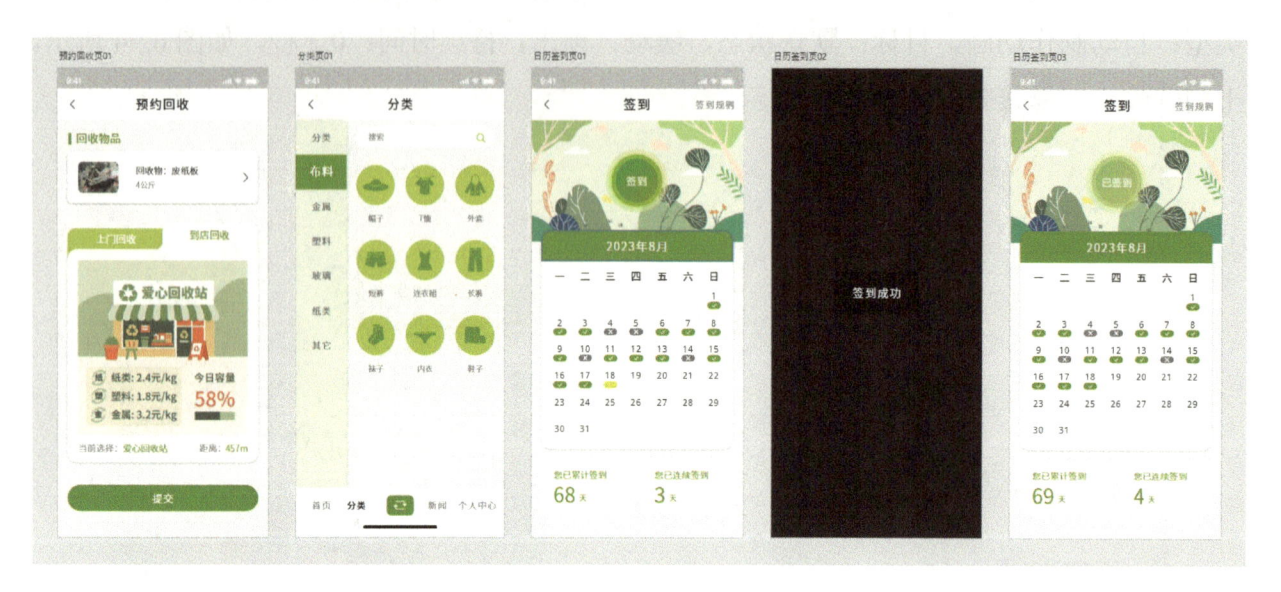

图 6.98　智慧环保界面效果

(4) 智慧环保界面交互链接效果如图 6.99 所示。

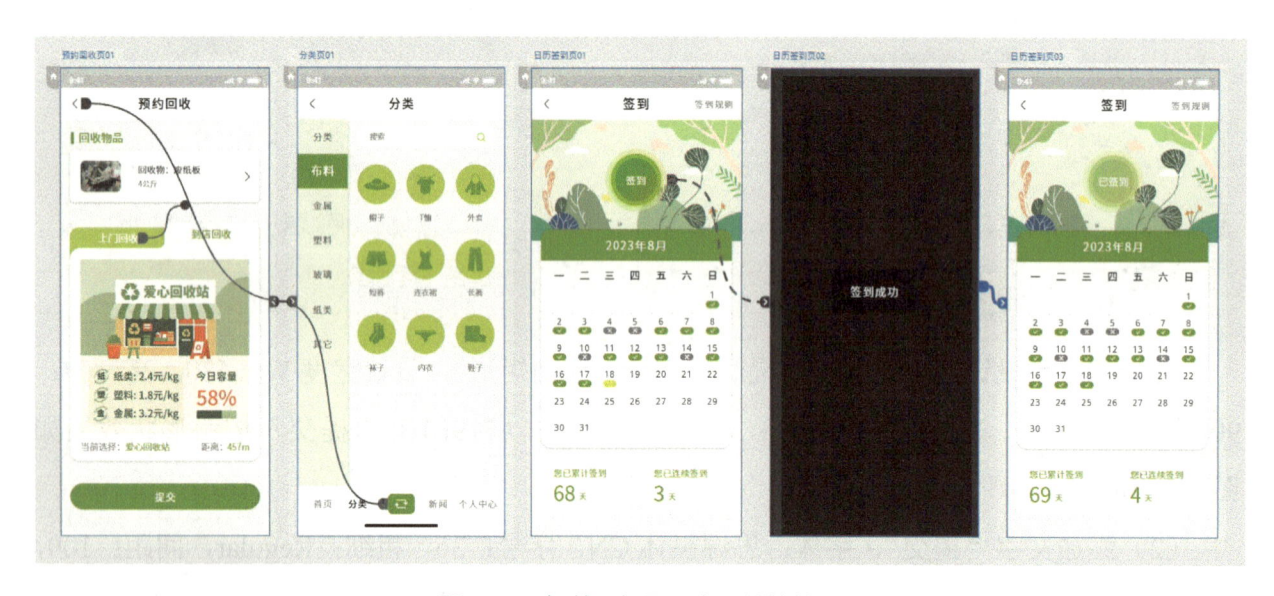

图 6.99　智慧环保界面交互链接效果

考核评价

请对本次学习任务的知识和技能进行梳理与汇总，填写表 6.1。

表 6.1　项目 6 评价考核表

考核项目		分值
软件操作	设计软件合理、规范	
	对移动界面的设计规范有一定的了解，并能灵活运用到制作中	
知识掌握	重复网格的运用	
	用组件实现 Tab 栏切换交互动作效果	

项目习题

1．请从页面布局、配色、文字规范等方面谈一谈页面规划的重要性。

2．在本项目中，能否用其他方式实现预约回收界面的交互效果？

3．请为智慧环保 App 制作用户首页、新闻界面、个人中心界面，并实现界面之间的跳转。

项目 7 智慧城市

项目描述

第五代移动通信技术（5G）的高速发展，大力推动了新一代信息技术与各个行业的融合发展，智慧城市伴随着城市化进程的快速发展应运而生。

智慧城市是指利用新一代信息技术，以整合、系统的方式管理城市的运行体系，让城市中各个功能协调运作，为城市中的企业提供优质的发展空间，为市民提供更高的生活品质，让城市成为适合民众全面发展的城市。智慧城市是一项系统工程，涉及领域众多，但最终的目标简单明确，就是服务民众，让民众的城市生活更美好。在智慧城市的全部服务中，医疗、教育、金融、交通等领域成为热门服务。

搭建智慧城市的便民服务平台不仅要利用先进的互联网手段，做好线上渠道，还要利用好传统的线下渠道，实现多渠道、广覆盖。

项目设计

本项目共 5 个任务，每个任务对应不同的界面及设计元素和需求，在进行智慧城市项目界面设计之前，需要先确定应用的整体风格，因为这会影响用户对应用的印象和评价，然后通过对布局、颜色、大小、位置等的设置，建立不同层次的信息结构，将重要信息或功能置于显著位置。本项目涉及按钮、重复网格、Tab 栏切换等内容，合理的交互设计可以有效地改善用户体验。在设计过程中，要综合考虑用户的使用场景、习惯和反馈机制等多方面因素，从而完成交互设计。

项目目标

1. 知识与技能

（1）通过本项目的学习，熟悉智慧城市项目界面设计的实施流程。

（2）掌握用 Adobe XD 实现重复网格及 Tab 栏切换的制作方法。

2. 过程与方法

（1）通过制作思维导图，了解本项目实施的完整流程。

（2）通过本项目的完整实现，掌握相应的知识技能。

3. 情感态度与价值观

通过对智慧城市项目界面的整体设计与模型制作，提升分析问题、解决问题的能力，培养严谨的工作态度，提升举一反三的能力。

知识准备

- ☑ 了解移动界面设计的制作流程及规范。
- ☑ 掌握利用重复网格快速制作列表的方法。
- ☑ 掌握利用 Tab 栏实现切换动画效果的方法。
- ☑ 掌握利用 Adobe XD 实现轮播图效果的制作方法。

项目实施

智慧城市项目实施流程如图 7.1 所示。

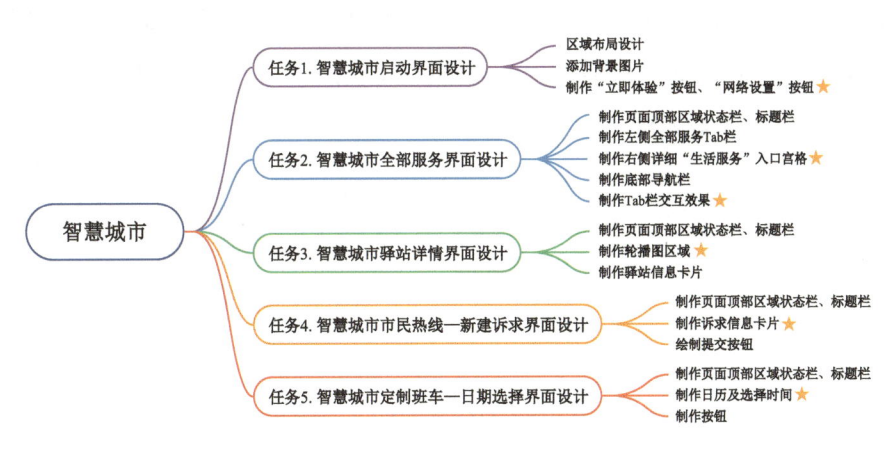

图 7.1 智慧城市项目实施流程

任务 1　智慧城市启动界面设计

任务 1 说明

选择与主题相关的图片作为启动界面背景，界面底部有"立即体验"按钮，网络设置在界面右上角。

（1）新建画板。设置画板尺寸为宽度 W：750，高度 H：1624，如图 7.2 所示。

（2）将画板命名为"启动页 01"，如图 7.3 所示。

（3）打开素材，选择"启动页背景.png"，置于界面，启动界面效果如图 7.4 所示。

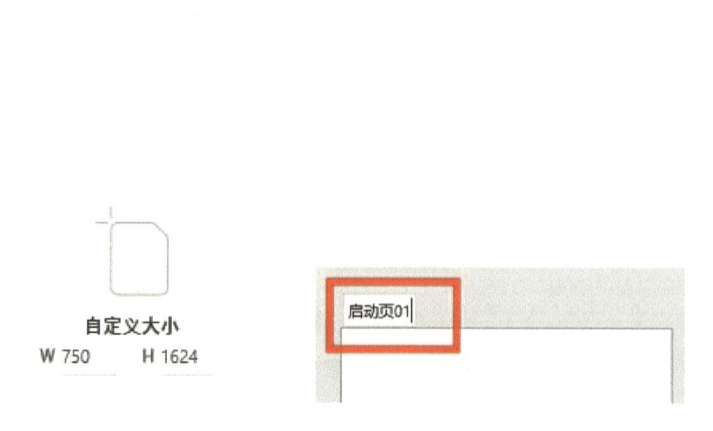

图 7.2　画板尺寸设置　　　图 7.3　画板命名 　　　图 7.4　启动界面效果

（4）绘制"立即体验"按钮（圆角矩形），设置宽度 W：360，高度 H：100，位置 X：195，Y：1410，不透明度：80%，圆角：50，如图 7.5 所示，填充颜色：#FFFFFF。

（5）添加文字"立即体验"，字体：思源黑体 CN，字号：38，粗细：Regular，如图 7.6 所示，文字填充颜色：#2566FF。

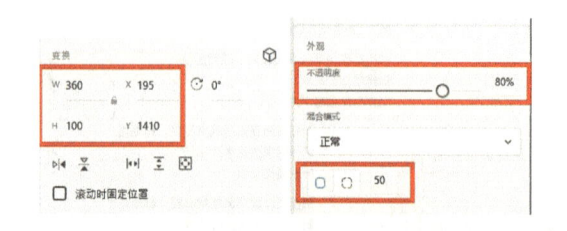

图 7.5　"立即体验"按钮参数设置 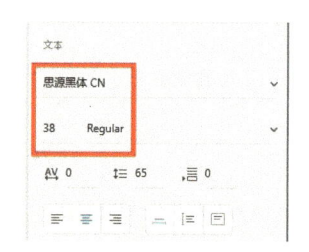　　　图 7.6　"立即体验"文字参数设置

（6）绘制"网络设置"按钮（圆角矩形），设置宽度 W：180，高度 H：60，位置 X：530，Y：80，圆角：30，边界颜色：#FFFFFF，边界大小：2，如图 7.7 所示。

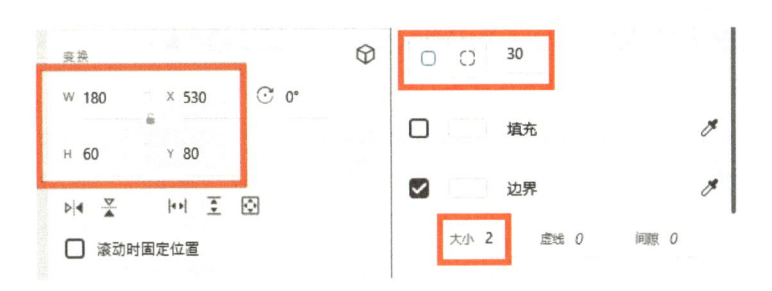

图 7.7 "网络设置"按钮参数设置

（7）添加文字"网络设置"，字体：思源黑体 CN，字号：30，粗细：Regular，文字填充颜色：#FFFFFF，如图 7.8 所示。启动界面整体效果如图 7.9 所示。

图 7.8 "网络设置"文字参数设置　　　图 7.9 启动界面整体效果

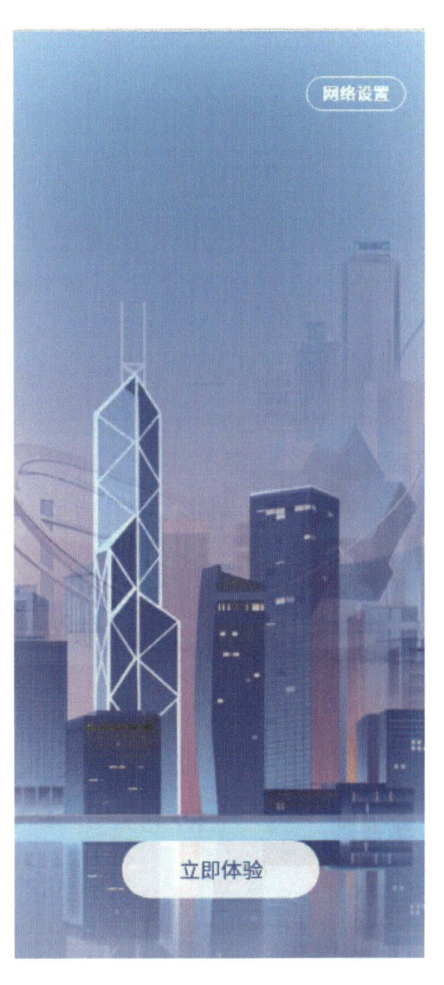

任务 2 智慧城市全部服务界面设计

🎙 任务 2 说明

1. 页面左侧显示全部服务的分类：车主服务、生活服务、家庭服务。

（1）新建画板，尺寸：750 像素×1624 像素，并将画板命名为"全部服务页 01"。

（2）打开素材，选择"黑状态栏.png"，置于界面顶部，状态栏效果图如图 7.10 所示。设置宽度 W：750，高度 H：52，位置 X：0，Y：20，如图 7.11 所示。

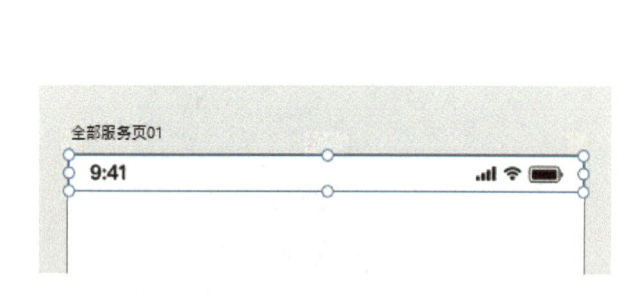

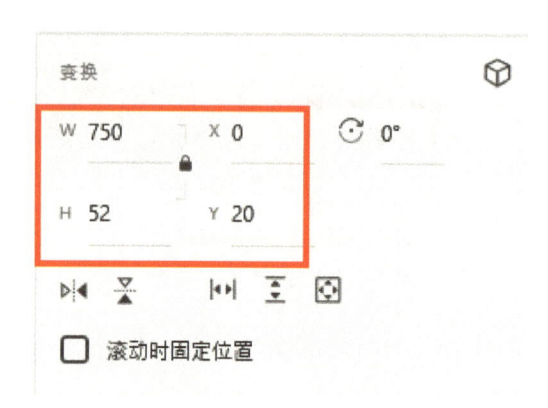

图 7.10 状态栏效果图   图 7.11 状态栏参数设置

（3）绘制标题栏（矩形），设置宽度 W：750，高度 H：108，位置 X：0，Y：72，如图 7.12 所示，填充颜色：#FFFFFF。添加标题栏文字"全部服务"，设置字体：思源黑体 CN，字号：36，粗细：Regular，字间距：100，行间距：61，如图 7.13 所示，文字填充颜色：#000000。

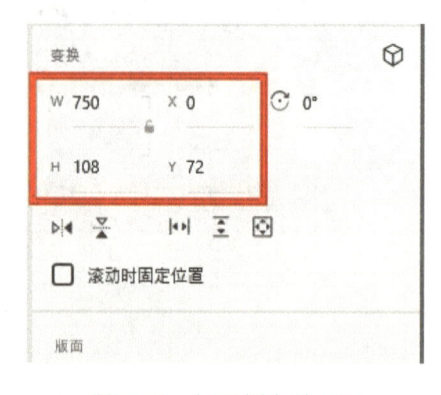

图 7.12 标题栏参数设置   图 7.13 标题栏文字参数设置

（4）绘制左侧 Tab 栏（矩形），设置宽度 W：248，高度 H：1280，位置 X：0，Y：180，填充颜色：#E9F6FF，如图 7.14 所示。

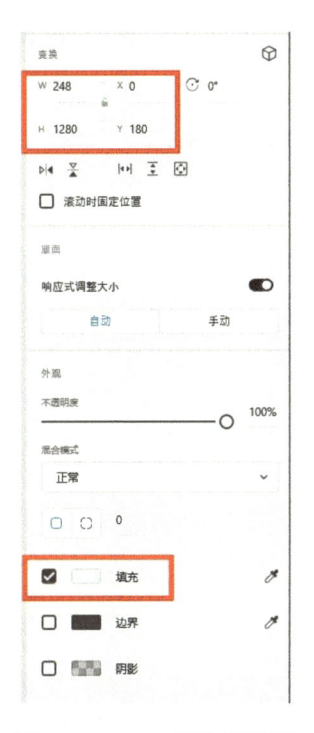

图 7.14　Tab 栏参数设置

（5）添加左侧 Tab 栏文字"车主服务""生活服务""家庭服务"，字体：思源黑体 CN，字号：32，粗细：Regular，文字填充颜色：#666666，如图 7.15 所示。其中，"生活服务"填充颜色：#2566FF，三组文字纵向对齐，垂直平均分布，Tab 栏文字效果如图 7.16 所示。

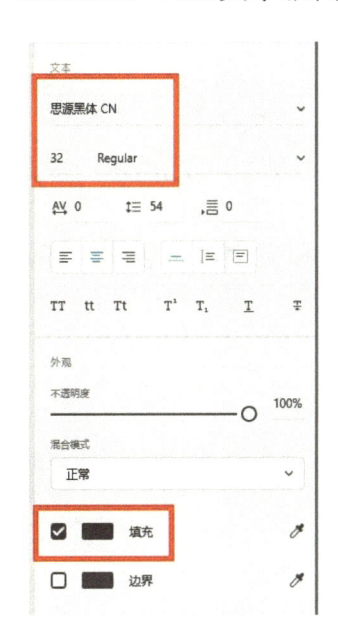

图 7.15　Tab 栏文字参数设置　　　　图 7.16　Tab 栏文字效果

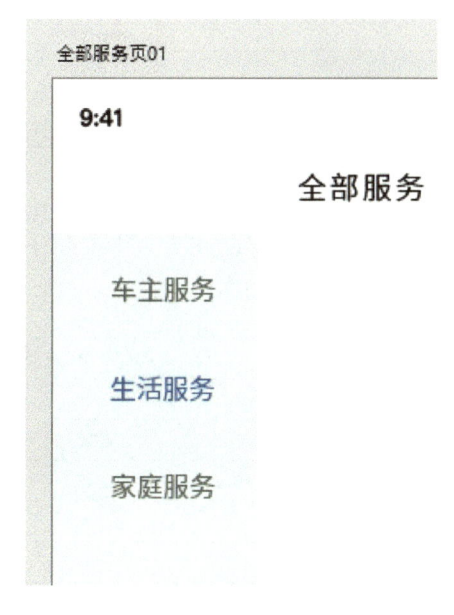

（6）绘制 Tab 栏标签（单边圆角矩形），设置宽度 W：230，高度 H：100，位置 X：1300，Y：-590，圆角：60、0、0、60，填充颜色：#F8FCFF，如图 7.17 所示。在旁边绘制一个直径为 42 的正圆和一个边长为 21 的正方形。标签细节素材制作步骤 1，如图 7.18 所示。

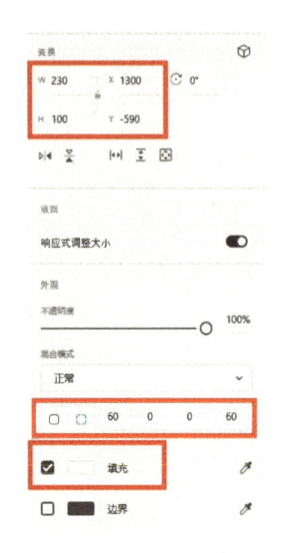

图 7.17　Tab 栏标签参数设置 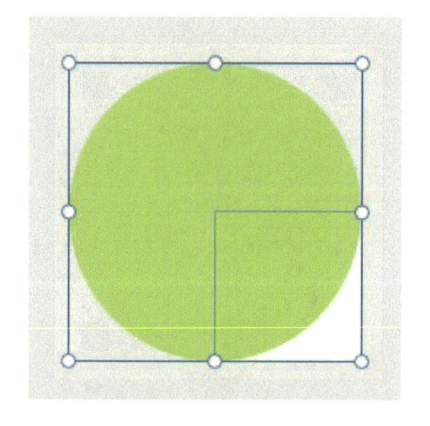　　　　图 7.18　标签细节素材制作步骤 1

（7）使圆形在上层，正方形在下层，两个形状组合。标签细节素材制作步骤 2，如图 7.19 所示。复制此图形，并旋转 180°，将三个形状编组，完成 Tab 栏标签图形，Tab 栏标签效果如图 7.20 所示。

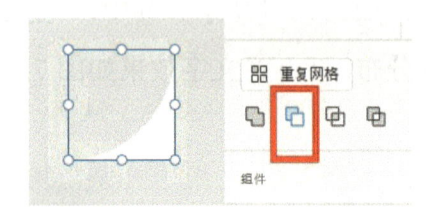

图 7.19　标签细节素材制作步骤 2　　　　图 7.20　Tab 栏标签效果

（8）将 Tab 栏标签图形放置于"生活服务"下方，和文字水平居中对齐，Tab 栏效果如图 7.21 所示。

图 7.21　Tab 栏效果

2. 界面右侧显示智慧城市各服务入口，图标和名称以单元格方式显示，手机端每行显示3个。

（1）绘制服务入口区（矩形），设置宽度W：502，高度H：1280，位置X：248，Y：180，填充颜色：#F8FCFF，如图7.22所示。

（2）打开素材，选择"门诊预约.png"，置于界面右侧，位置X：305，Y：210，如图7.23所示。

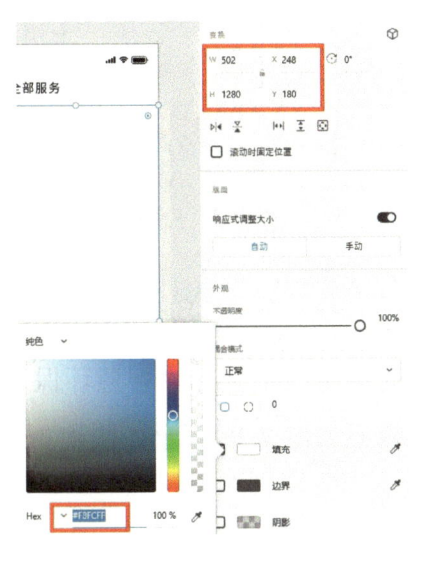

图7.22　服务入口区参数设置

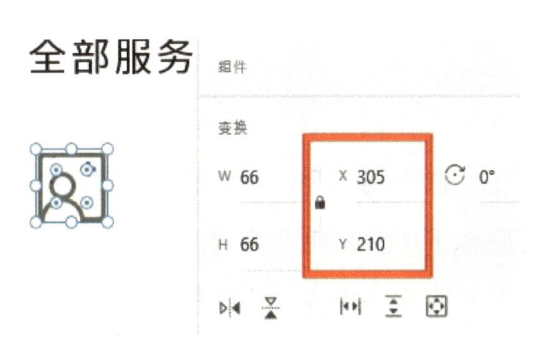

图7.23　"门诊预约"图标参数设置

（3）添加图标对应文字"门诊预约"，字体：思源黑体CN，字号：28，粗细：Regular，文字填充颜色：#666666，如图7.24所示。将文字与图标垂直居中对齐，"门诊预约"服务入口效果如图7.25所示。

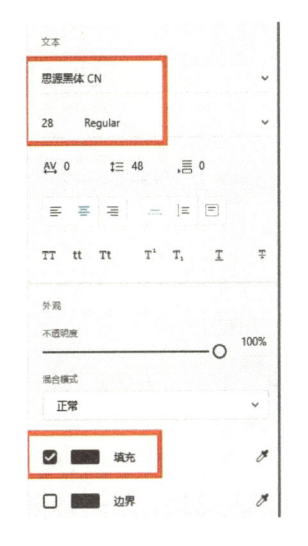

图7.24　"门诊预约"文字参数设置

图7.25　"门诊预约"服务入口效果

（4）同时选中图标与文字，使用重复网格拖拽列表，行数：4，列数：3，重复网格效果如图7.26所示。调整网格横向间距为40，纵向间距为50，如图7.27所示。

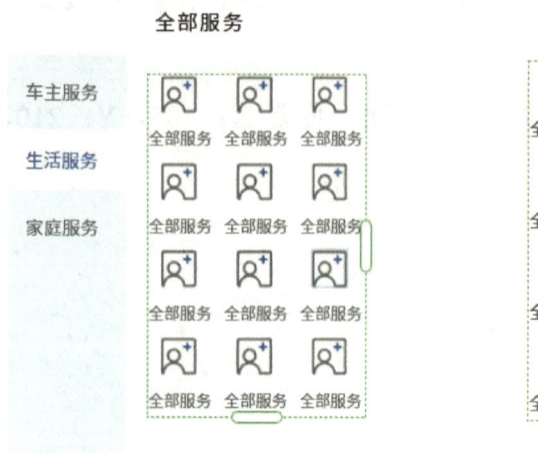

图 7.26 重复网格效果

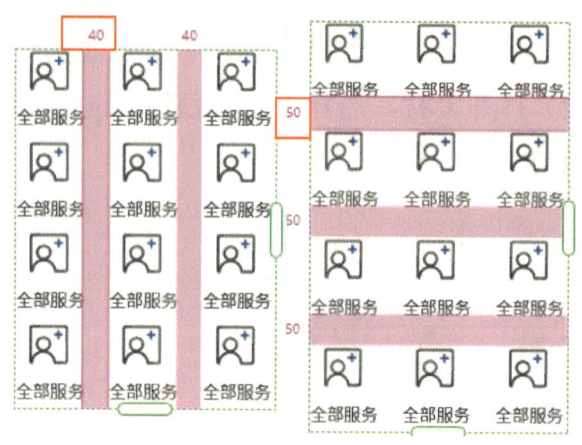

图 7.27 重复网格间距参数设置

（5）选择第二个图标，右击"替换图像"选项，在对应路径中选择"智慧环保.png"，并将图标下的文字更改为对应内容，服务入口信息更改效果如图7.28所示。依次更改其他图标及对应文字内容，生活服务各入口效果如图7.29所示。

图 7.28 服务入口信息更改效果

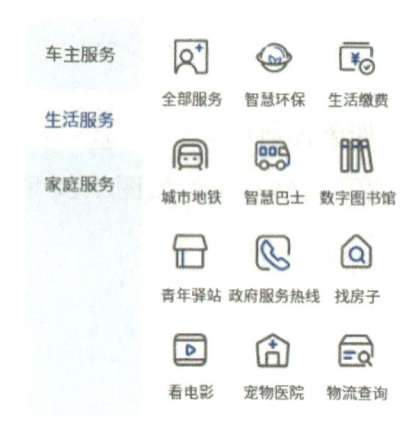

图 7.29 生活服务各入口效果

3. 底部显示导航栏，采用图标加文字方式显示，图标在上，文字在下，共5个图标，分别为首页、全部服务、数据分析、新闻、个人中心，并标记当前界面所在导航栏。

（1）绘制导航栏（矩形），设置宽度W：750，高度H：170，位置X：0，Y：1454，填充颜色：#FFFFFF，如图7.30所示。

（2）绘制直线，设置宽度W：260，高度H：0，位置X：245，Y：1590，边界颜色：#000000，边界大小：10，圆头端点，如图7.31所示。

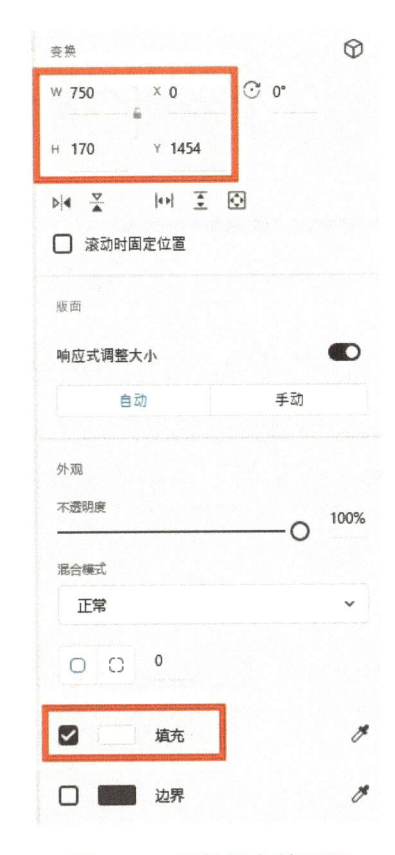

图 7.30 导航栏参数设置　　　　　　　　图 7.31 直线参数设置

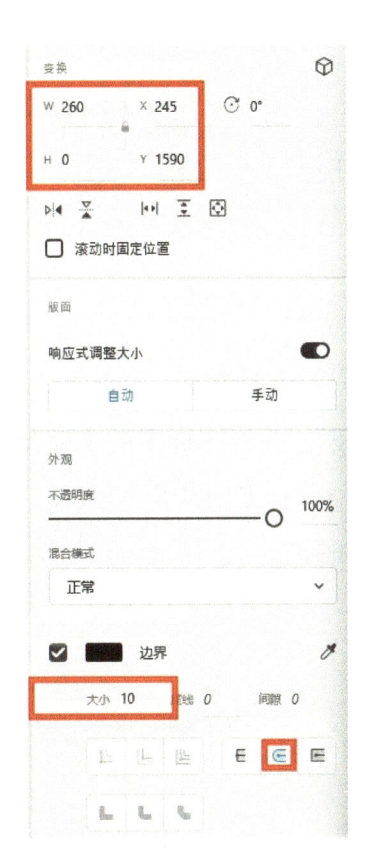

（3）打开素材，选择"首页.png"，置于界面底部，设置位置 X：53，Y：1470，如图 7.32 所示。添加图标对应文字"首页"，字体：思源黑体 CN，字号：20，粗细：Light，居中对齐，文字填充颜色：#999999，将文字与图标居中对齐，"首页"服务入口效果如图 7.33 所示。

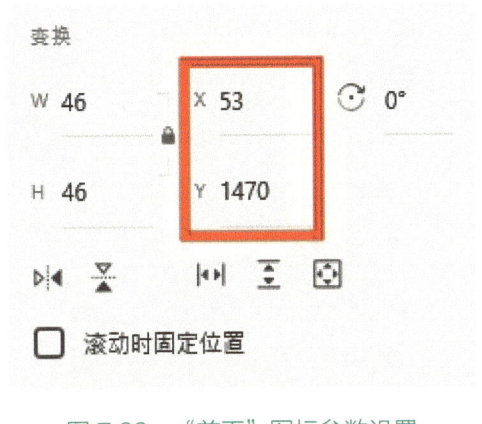

图 7.32 "首页"图标参数设置　　　　　　图 7.33 "首页"服务入口效果

（4）同时选中图标与文字，使用重复网格向右拖曳生成列表，列数：5，重复网格效果如图 7.34 所示。调整网格横向间距为 100，如图 7.35 所示。

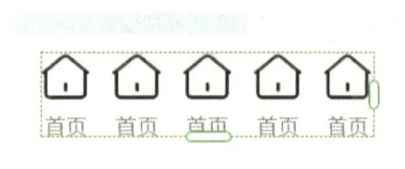

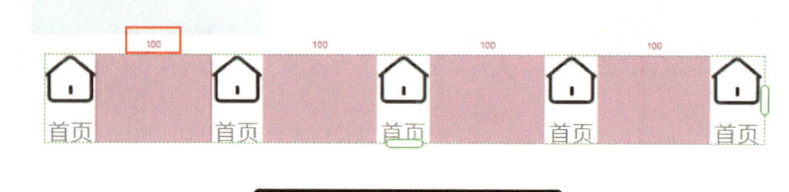

图 7.34　重复网格效果

图 7.35　重复网格间距参数设置

（5）取消重复网格，选择第二个图标，右击"替换图像"选项，在对应路径中选择"全部服务.png"，并将图标下的文字更改为对应内容，导航栏信息更改效果如图 7.36 所示。依次更改其他图标及对应文字内容，导航栏整体效果如图 7.37 所示。生活服务界面整体效果如图 7.38 所示。

图 7.36　导航栏信息更改效果

图 7.37　导航栏整体效果

图 7.38　生活服务界面整体效果

4. 点击 Tab 栏标签进入对应界面，并标记当前所在的 Tab 栏。

（1）选择"全部服务页 01"的图标列表，取消网格编组，如图 7.39 所示。复制画板"全部服务页 01"，并将画板重命名为"全部服务页 02"，如图 7.40 所示。

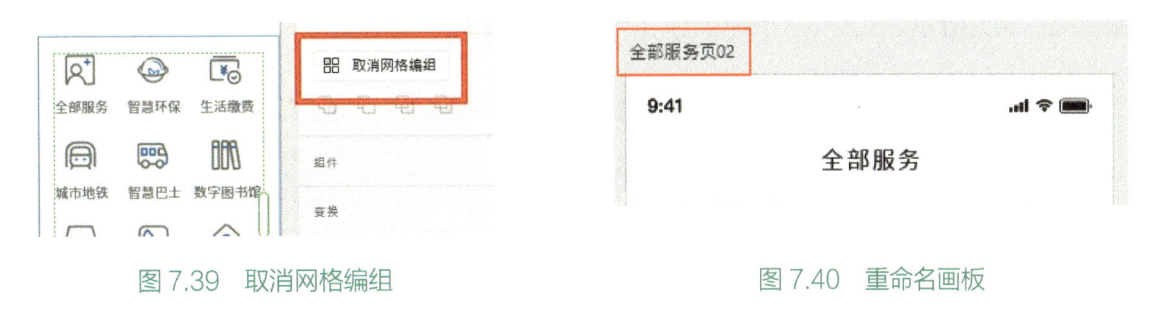

图 7.39　取消网格编组

图 7.40　重命名画板

（2）将 Tab 栏标签图形垂直移动至上方，和"车主服务"文字垂直居中对齐，并将"车主服务"的文字填充颜色更改为#2566FF，Tab 栏标签效果如图 7.41 所示。

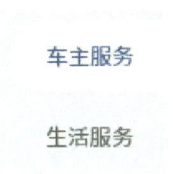

图 7.41　Tab 栏标签效果

（3）替换右侧的图标，更改对应文字内容，并删除多余图标及文字，完成"全部服务页 02"，"车主服务"界面效果如图 7.42 所示。按以上方法制作"家庭服务"界面，并将界面命名为"全部服务页 03"，"家庭服务"界面效果如图 7.43 所示。

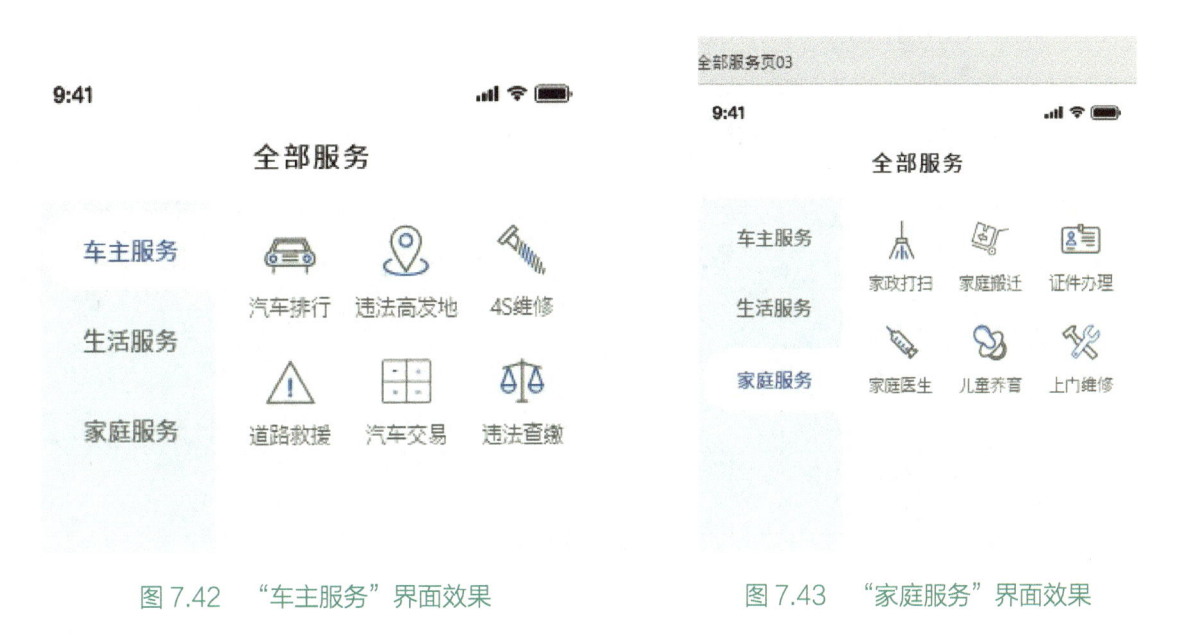

图 7.42　"车主服务"界面效果

图 7.43　"家庭服务"界面效果

（4）切换至原型面板，在"全部服务页01"画板中为"车主服务"栏添加交互动作，触发：点击，类型：自动制作动画，目标：全部服务页02，缓动：渐出，持续时间：0.3秒，如图7.44所示。按以上方法，为"家庭服务"栏添加交互动作，"家庭服务"栏链接效果如图7.45所示。

图7.44　原型面板参数设置　　　　　　　图7.45　"家庭服务"栏链接效果

（5）在"全部服务页02"画板中为"生活服务"和"家庭服务"栏添加交互动作。在"全部服务页03"画板中为"车主服务"和"生活服务"栏添加交互动作，全部服务界面链接效果如图7.46所示。

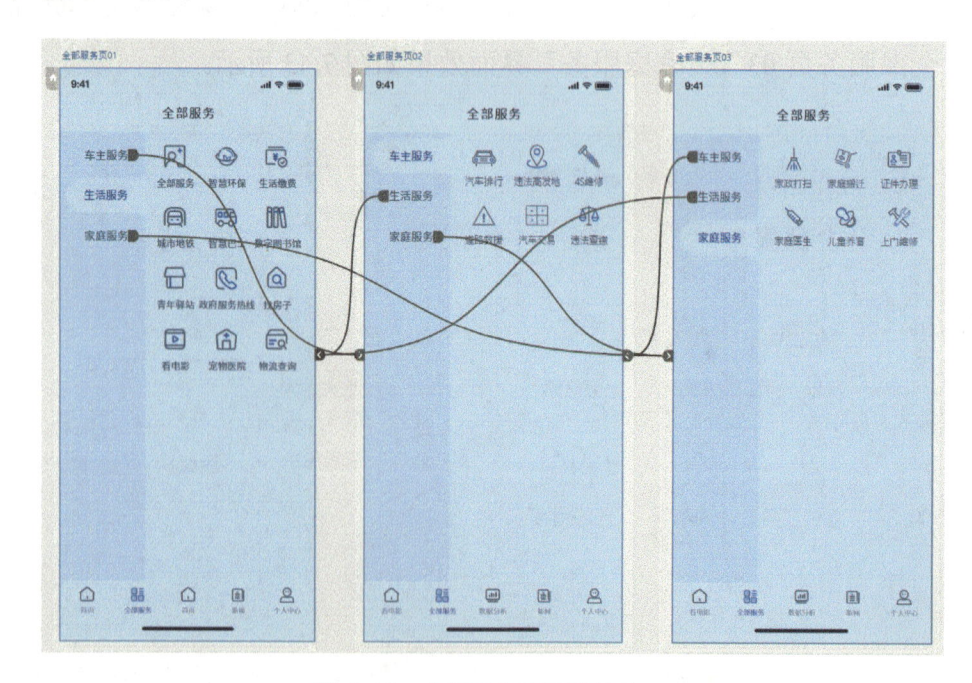

图7.46　全部服务界面链接效果

任务 3　智慧城市驿站详情界面设计

🎤 任务 3 说明

1. 进入驿站详情界面，界面左上角显示返回上一页按钮。

（1）新建画板，尺寸：750 像素×1960 像素，并将画板命名为"驿站详情 01"。

（2）打开素材，选择"白状态栏.png"，设置宽度 W：750，高度 H：52，位置 X：0，Y：20，如图 7.47 所示。

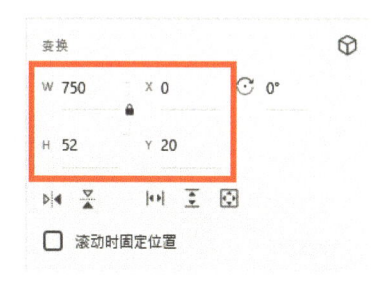

（3）绘制返回上一页按钮（正圆），设置宽度 W：50，高度 H：50，位置 X：40，Y：80，不透明度：30%，填充颜色：#000000，如图 7.48 所示。

（4）打开素材，选择"返回-白.png"，位置 X：45，Y：85，如图 7.49 所示。

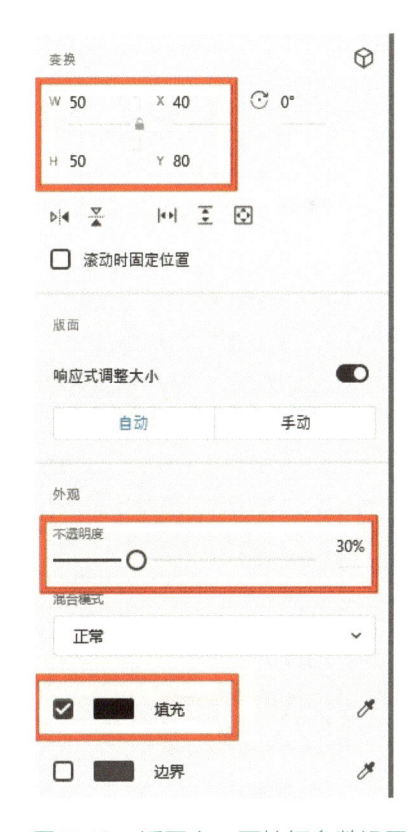

图 7.47　状态栏参数设置

图 7.48　返回上一页按钮参数设置 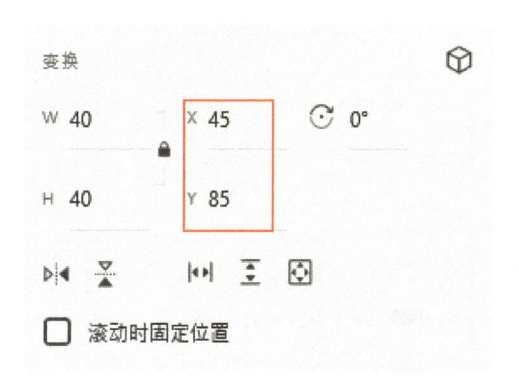　　图 7.49　返回上一页按钮参数设置

2. 顶部轮播 7 张该驿站照片，下方为该驿站地址，地址下面显示该驿站联系电话和提示办理入住时间段，入住时间下方显示男女和剩余床位数。

（1）打开素材，选择"轮播图.png"，置于界面顶部，轮播图效果如图 7.50 所示。

图 7.50　轮播图效果

（2）绘制页码区（矩形），设置宽度 W：60，高度 H：30，位置 X：660，Y：400，不透明度：60%，圆角：26，填充颜色：#000000，如图 7.51 所示。添加页码文字"1/7"，字体：思源黑体 CN，字号：20，粗细：Regular，文字填充颜色：#FFFFFF，如图 7.52 所示，位置 X：675，Y：404。

图 7.51　页码区参数设置　　　　　　图 7.52　页码文字参数设置

（3）绘制驿站基本信息区（单边圆角矩形），设置宽度 W：750，高度 H：420，位置 X：0，Y：450，圆角：42、42、0、0，填充颜色：#000000，如图 7.53 所示。

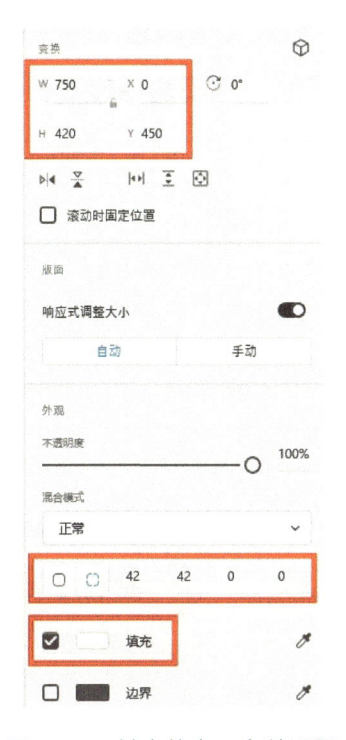

图 7.53　基本信息区参数设置

（4）在适当位置添加驿站标题"钻石海湾驿站"，字体：思源黑体 CN，字号：40，粗细：Medium，文字填充颜色：#000000，如图 7.54 所示。驿站标题效果如图 7.55 所示。

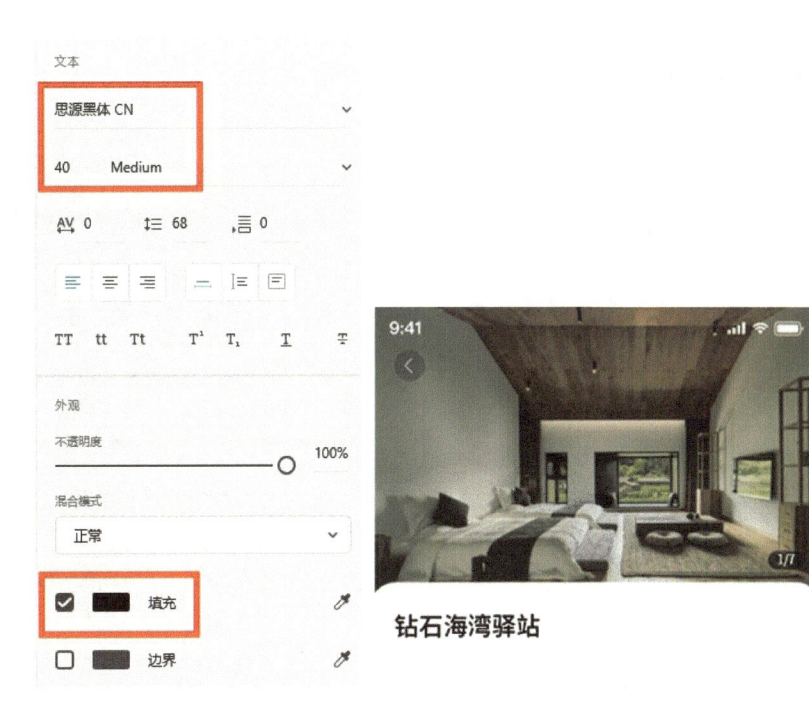

图 7.54　驿站标题参数设置　　　图 7.55　驿站标题效果

（5）在标题下方添加驿站地址、电话、时间，字体：思源黑体 CN，字号：28，粗细：Regular，不透明度：50%，文字填充颜色：#000000，如图 7.56 所示。

（6）复制文本，移动到右边，更改文字信息，将不透明度更改为 75%。复制文本，移动到下方，更改文字信息为"剩余床位"，将不透明度更改为 100%，文字填充颜色：#FF8000。文字信息效果如图 7.57 所示。

图 7.56　基本信息标题参数设置　　　　图 7.57　文字信息效果

（7）添加剩余床位图标及文字，选中图标与文字，使用重复网格向右拖曳生成列表，列数：2，调整网格横向间距为 80，如图 7.58 所示。更改图标及对应文字内容，"剩余床位"效果如图 7.59 所示。

图 7.58　重复网格间距参数设置　　　　图 7.59　"剩余床位"效果

3. 底部为驿站详细介绍，文本分为 4 个部分：驿站简介、房间配置、周边配套和特色服务。

（1）绘制详细介绍区（矩形），设置宽度 W：750，高度 H：1090，位置 X：0，Y：870，填充颜色：#F8FCFF，如图7.60所示。

（2）绘制驿站简介卡片（圆角矩形），设置宽度W：690，高度H：360，位置X：30，Y：900，圆角：16，填充颜色：#FFFFFF，如图7.61所示。

图7.60　详细介绍区域参数设置　　　　图7.61　驿站简介卡片参数设置

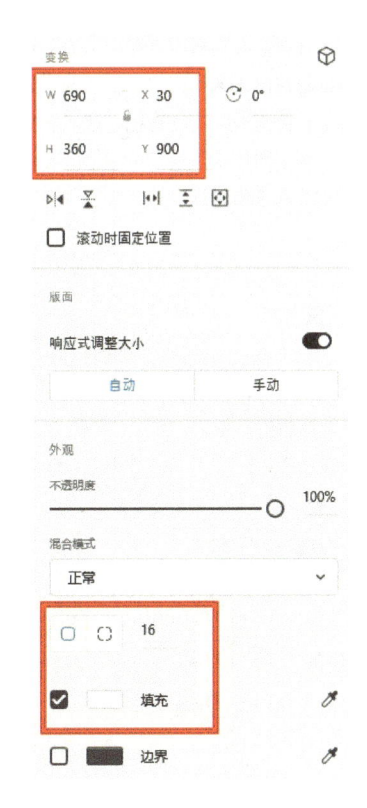

（3）添加驿站简介文字，标题字体：思源黑体 CN，字号：32，粗细：Regular，文字填充颜色：#000000。内容字体：思源黑体CN，字号：28，粗细：Light，文字填充颜色：#000000，驿站简介效果如图7.62所示。

图7.62　驿站简介效果

（4）复制以上卡片信息，垂直移动至下方并更改文字内容及卡片大小，驿站详细介绍效果如图7.63所示。驿站详情界面整体效果如图7.64所示。

图 7.63 驿站详细介绍效果　　　　　　图 7.64 驿站详情界面整体效果

任务 4　智慧城市市民热线——新建诉求界面设计

任务 4 说明

1. 进入新建诉求界面，界面左上角显示返回上一页按钮。

（1）新建画板，设置宽度 W：750，高度 H：1624，并将画板重命名为"新建诉求页01"。绘制矩形，设置宽度 W：750，高度 H：1624，位置 X：0，Y：0，填充颜色：#F8FCFF，如图 7.65 所示。

（2）打开素材，选择"黑状态栏.png"，置于界面顶部，设置宽度 W：750，高度 H：

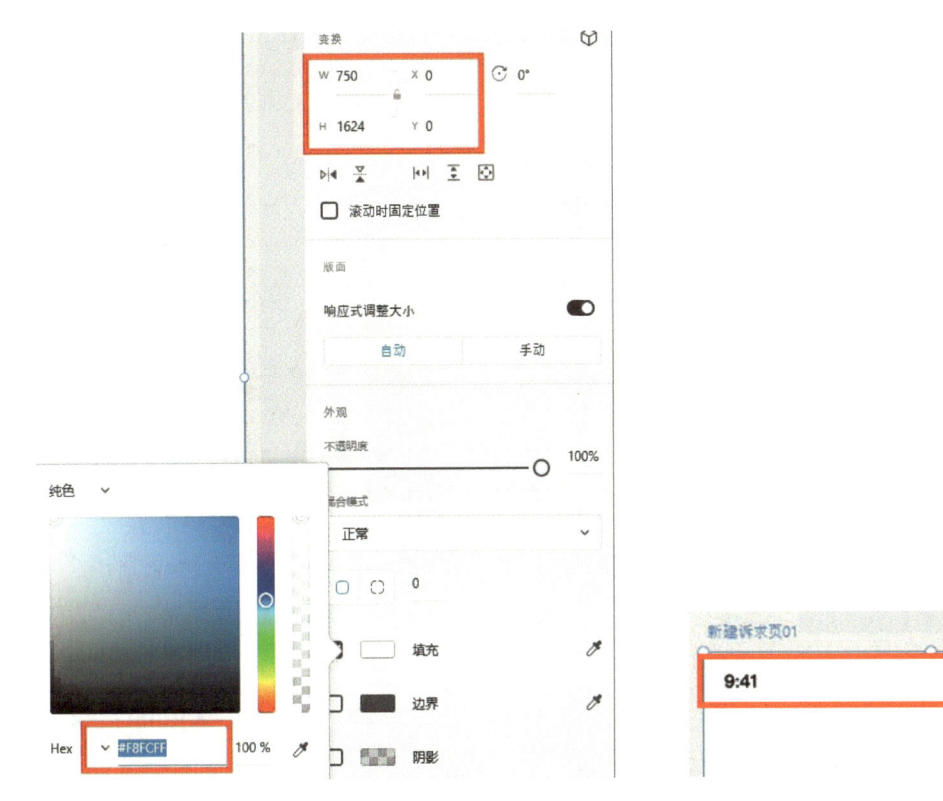

52，位置 X：0，Y：20，状态栏效果如图 7.66 所示。

图 7.65 矩形参数设置　　　　　　图 7.66 状态栏效果

（3）添加标题栏文字"新建诉求"，字体：思源黑体 CN，字号：36，粗细：Regular，字间距：100，文字填充颜色：#000000，位置 X：298，Y：108，打开素材，选择"返回-黑.png"，位置 X：45，Y：85，标题栏效果如图 7.67 所示。

图 7.67 标题栏效果

2. 界面以填写表格形式呈现，填写内容包括标题、输入框及输入框内的提示文字。

（1）绘制诉求标题输入框（圆角矩形），设置宽度 W：690，高度 H：100，位置 X：30，Y：200，圆角：16，填充颜色：#FFFFFF，如图 7.68 所示。

（2）添加*号，字体：思源黑体 CN，字号：40，粗细：Bold，文字填充颜色：#FF8000，如图 7.69 所示，位置 X：60，Y：240。

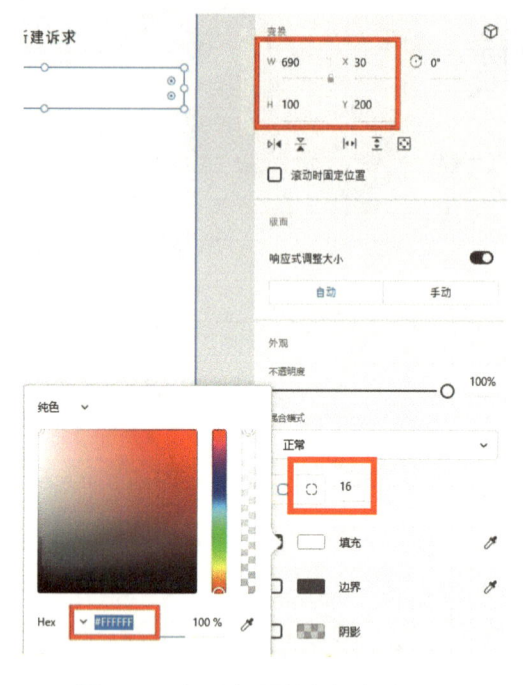

图 7.68　诉求标题输入框参数设置 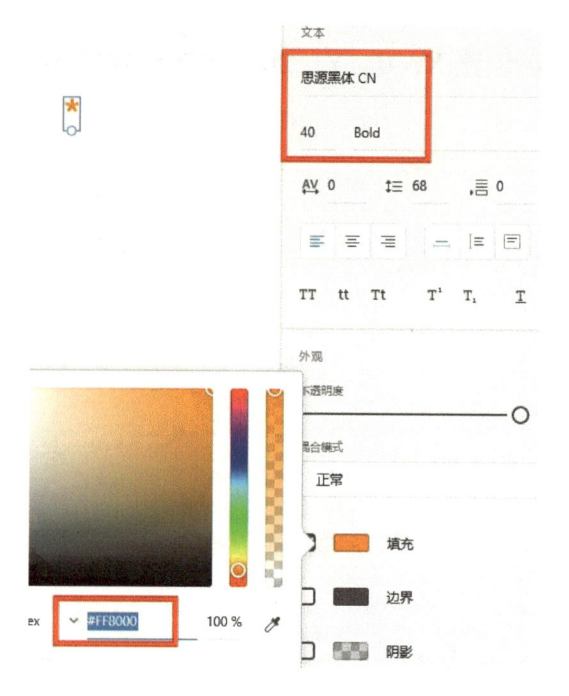　　　　　图 7.69　*号参数设置

（3）添加标题"诉求标题"，字体：思源黑体 CN，字号：28，粗细：Regular，文字填充颜色：#000000，如图 7.70 所示，位置 X：88，Y：236。

（4）添加输入框内的提示文字"请输入诉求标题"，字体：思源黑体 CN，字号：28，粗细：Light，文字填充颜色：#CCCCCC，位置 X：230，Y：236，"诉求标题"输入框效果如图 7.71 所示。

（5）将输入框、*号、标题、提示文字进行编组。

图 7.70　"诉求标题"文字参数设置 　　　　　图 7.71　"诉求标题"输入框效果

3. 填写内容包括标题填写、承办单位填写、手机号填写、诉求内容填写、上传图片、网络图片地址填写。

（1）复制"诉求标题"输入框信息，垂直移动至下方，将文字更改为"承办单位""手机号码"等相关文字内容，输入框信息修改效果如图 7.72 所示。

（2）复制"手机号码"输入框信息，垂直移动至下方，将文字更改为"诉求内容"相关内容，将输入框高度设置为 260。"诉求内容"效果如图 7.73 所示。

图 7.72 输入框信息修改效果　　　　　图 7.73 "诉求内容"效果

（3）复制"诉求内容"输入框信息，垂直移动至下方，将标题文字更改为"上传图片"，删除提示文字和*号，将输入框高度设置为 300。

（4）绘制"上传图片"按钮（圆角矩形），设置宽度 W：300，高度 H：160，圆角：16，填充颜色：#E3F3FF，边界颜色：#2566FF，边界大小：1，虚线：3，间隙：3，如图 7.74 所示。

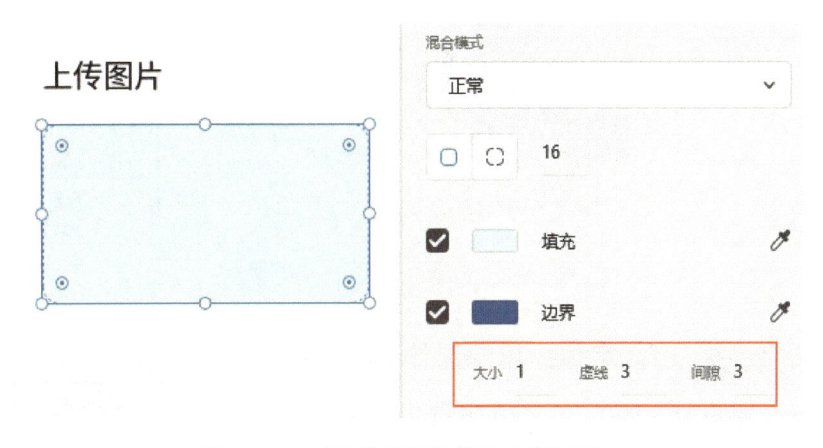

图 7.74 "上传图片"按钮参数设置

（5）添加上传图片按钮内的"+"，字体设置：思源黑体 CN，字号：52，粗细：Light，

文字填充颜色：#2566FF，"+"与上传图片框居中对齐，上传图片栏效果如图 7.75 所示。

（6）复制"手机号码"输入框信息，垂直移动至下方，将文字更改为"图片网址"相关内容，删除"*"。"图片网址"输入框效果如图 7.76 所示。

（7）选中所有输入框组，垂直居中对齐，垂直平均分布。

图 7.75　上传图片栏效果

图 7.76　"图片网址"输入框效果

4. 底部有"提交"按钮。

（1）绘制"提交"按钮（圆角矩形），设置宽度 W：690，高度 H：80，位置 X：30，Y：1400，圆角：40，填充颜色：#2566FF，如图 7.77 所示。

图 7.77　"提交"按钮参数设置

（2）添加文字"提交"，字体：思源黑体 CN，字号：28，粗细：Regular，字间距：100，文字填充颜色：#FFFFFF。"提交"文字效果如图 7.78 所示。新建诉求界面整体效果如图 7.79 所示。

图 7.78　"提交"文字效果

图 7.79　新建诉求界面整体效果

任务 5　智慧城市定制班车——日期选择界面设计

任务 5 说明

1. 日期选择界面显示标题栏，界面左上角显示返回上一页按钮。

（1）新建画板，尺寸：750 像素×1624 像素，并将画板命名为"日期选择页 01"。绘制矩形，设置宽度 W：750，高度 H：108，位置 X：0，Y：72，填充颜色：#F8FCFF。

（2）打开素材，选择"黑状态栏.png"，置于界面顶部，设置宽度 W：750，高度 H：52，位置 X：0，Y：20。

（3）添加标题栏文字"日期选择"，字体：思源黑体 CN，字号：36，粗细：Regular，字间距：100，文字填充颜色：#000000，位置 X：298，Y：108。

（4）打开素材，选择"返回-黑.png"，位置 X：30，Y：108，标题栏效果如图 7.80 所示。

图 7.80　标题栏效果

2. 显示日历面板，面板顶部显示年、月，面板首排为（星期）一到（星期）日，日历面板显示用户选择的初始日期及结束日期，面板为当月的日期。

（1）绘制日历面板（圆角矩形），设置宽度 W：680，高度 H：630，位置 X：35，Y：200，圆角：16，填充颜色：#FFFFFF，如图 7.81 所示。

（2）添加年、月文字"2023 年 8 月"，字体：思源黑体 CN，字号：32，粗细：Regular，文字填充颜色：#000000，位置 X：299，Y：236。

（3）打开素材，选择"返回-黑.png"，设置宽度 W：20，高度 H：20，位置 X：70，Y：236。选中此图标，按下【Alt+Shift】组合键，向右水平移动 15。重复此动作，将复制的箭头向右水平移动 45，日历箭头效果如图 7.82 所示。

图 7.81　日历面板区域参数设置　　　图 7.82　日历箭头效果

（4）同时选中向左的三个箭头，按下【Alt+Shift】组合键，向右水平移动至对称位置，水平翻转，如图 7.83 所示。

（5）添加星期文字，字体：思源黑体 CN，字号：28，粗细：Bold，文字填充颜色：#000000，位置 X：82，Y：314。选择文字，使用重复网格向右拖拽列表，列数：7，间距：64。依次修改文字内容。重复网格间距参数设置及效果如图 7.84 所示。

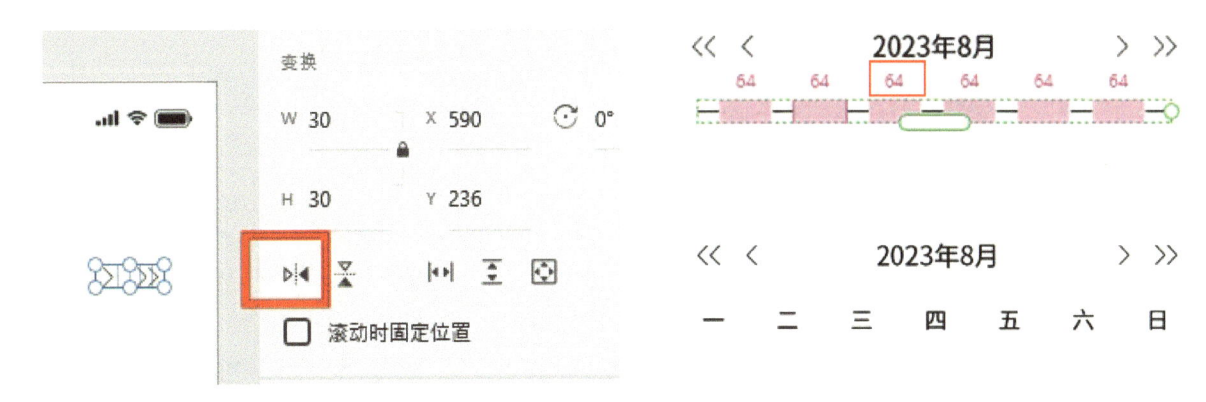

图 7.83　水平翻转设置

图 7.84　重复网格间距参数设置及效果

（6）复制星期列表，向下水平移动 48，修改字体为 Droid Sans Mono，字号：28，粗细：Regular，依次修改文字内容。日期文字参数设置及效果如图 7.85 所示。使用重复网格向下拖拽列表，行数：5，间距：60，依次修改文字内容。重复网格间距参数设置及效果如图 7.86 所示。

图 7.85　日期文字参数设置及效果

图 7.86　重复网格间距参数设置及效果

（7）选择日期，取消网格编组，如图7.87所示。将部分日期的不透明度设置为50%。部分日期不透明度设置及效果如图7.88所示。

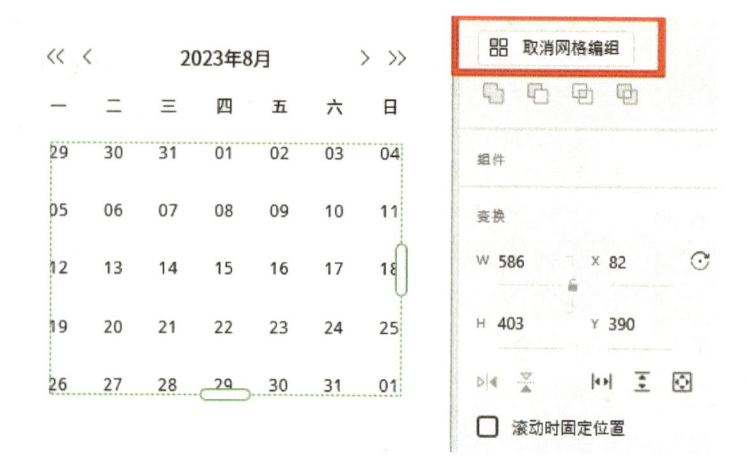

图7.87 取消网格编组设置

图7.88 部分日期不透明度设置及效果

（8）绘制圆形，标注当前日期，设置宽度W：10，高度H：10，位置X：367，Y：432。标注当前日期参数设置及效果如图7.89所示，填充颜色：#2566FF。

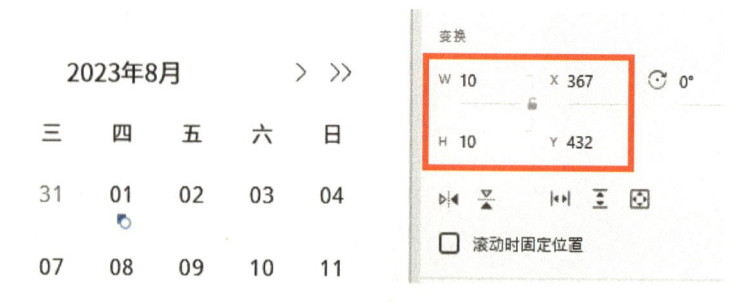

图7.89 标注当前日期参数设置及效果

（9）绘制起止日期区（圆形），标注用户选择的初始日期和结束日期，设置宽度 W：50，高度 H：50，填充颜色：#2566F，圆形与对应日期居中对齐，置于文字下层。将对应文字的填充颜色更改为#FFFFFF，起止日期效果如图 7.90 所示。

（10）绘制日期范围区（圆角矩形），设置高度 H：50，圆角：25，填充颜色：#D8EEFF，置于文字下层对应位置，日期范围区效果如图 7.91 所示。

图 7.90　起止日期效果

图 7.91　日期范围区效果

3. 日历面板下边为选择时间（时、分）。

（1）绘制选择时间区（圆角矩形），设置宽度 W：680，高度 H：100，位置 X：35，Y：880，圆角：16，填充颜色：#FFFFFF。

（2）添加文字"选择时间"，字体：Droid Sans Mono，字号：28，文字填充颜色：#000000，位置 X：82，Y：916。

（3）添加时间文字"17:30"，字体：思源黑体 CN，字号：28，粗细：Regular，文字填充颜色：#999999，位置 X：244，Y：916。选择时间效果如图 7.92 所示。

图 7.92　选择时间效果

4. 底部显示"下一步"及"返回上一步"按钮。

（1）绘制"下一步"按钮（圆角矩形），设置宽度 W：680，高度 H：80，位置 X：35，

Y：1350，圆角：40，填充颜色：#2566FF。

（2）添加文字"下一步"，字体：思源黑体 CN，字号：28，粗细：Regular，文字填充颜色：#FFFFFF，位置 X：330，Y：1376。

（3）复制"下一步"按钮，向下垂直移动 50，并取消其填充颜色，设置边界颜色：#2566FF，边界大小：2，完成"返回上一步"按钮的绘制，如图 7.93 所示。

图 7.93 "返回上一步"按钮参数设置

（4）将文字内容更改为"返回上一步"，并更改填充颜色为#2566FF。日期选择界面整体效果如图 7.94 所示。

图 7.94 日期选择界面整体效果

考核评价

请对本次学习任务的知识和技能进行梳理与汇总，填写表 7.1。

表 7.1　项目 7 评价考核表

考核项目		分值
软件操作	设计软件合理、规范、	
	对移动界面的设计规范有一定的了解，并能灵活运用到制作中	
知识掌握	重复网格的运用	
	Tab 栏切换交互效果的实现	

项目习题

1．如何运用重复网格制作列表？

2．如何实现 Tab 栏切换交互效果？

3．请为智慧城市 App 制作用户登录界面、首页、个人中心界面，并实现界面之间的跳转。

反侵权盗版声明

电子工业出版社依法对本作品享有专有出版权。任何未经权利人书面许可，复制、销售或通过信息网络传播本作品的行为；歪曲、篡改、剽窃本作品的行为，均违反《中华人民共和国著作权法》，其行为人应承担相应的民事责任和行政责任，构成犯罪的，将被依法追究刑事责任。

为了维护市场秩序，保护权利人的合法权益，我社将依法查处和打击侵权盗版的单位和个人。欢迎社会各界人士积极举报侵权盗版行为，本社将奖励举报有功人员，并保证举报人的信息不被泄露。

举报电话：（010）88254396；（010）88258888
传　　真：（010）88254397
E-mail：　dbqq@phei.com.cn
通信地址：北京市万寿路173信箱
　　　　　电子工业出版社总编办公室
邮　　编：100036